CÓMO SOBREVIVIR DESASTRES NATURALES

Una Guía para Sobrevivir los Desastres Naturales más Peligrosos del Mundo

DEL ROBSON

Índice

EL MANUAL de Supervivencia ante Catástrofes es un libro de referencia sin complicaciones sobre lo que hay que hacer para tener (y para los que te rodean) la mejor oportunidad de sobrevivir en caso de varias catástrofes naturales y no naturales.

Se presenta en dos partes.

La primera parte ofrece información para sobrevivir a catástrofes específicas. Se dividen en dos categorías: naturales y provocadas por el hombre. Las catástrofes se enumeran por orden alfabético dentro de cada categoría.

La parte 2 es una guía de preparación para principiantes.

La preparación es "la práctica de hacer preparativos activos para una posible catástrofe o emergencia" (Diccionario de Google).

Esta sección te da suficiente información para prepararte para sobrevivir a un escenario de "grid-down" a corto plazo (unas tres semanas). También te proporcionará una buena comprensión de las áreas que necesitas investigar más si quieres prepararte para escenarios a largo plazo.

buena comprensión de las áreas que necesitas investigar más si quieres prepararte para escenarios a largo plazo.

Desastres Provenientes De La Naturaleza

Utilice este plan de acción para cualquier situación de catástrofe en la que no disponga de un plan específico. Omita cualquier paso que le ponga en peligro.

- Mantenga la calma. Es más fácil decirlo que hacerlo, pero es necesario.
- Compruebe los peligros inmediatos antes de moverse. Aplique los primeros auxilios críticos ("críticos" significa que la persona morirá sin atención inmediata).
- Póngase ropa práctica/protectora (zapatos, pantalones largos, etc.).
- Tome su bolsa de supervivencia (BOB). Llévela consigo a todas partes hasta que esté a salvo (consulte el capítulo sobre bolsas de supervivencia).
- Supervise los medios de comunicación (utilice la radio desde su BOB).
- Designe un líder.

- Asegure la seguridad de los miembros de la familia.
- Asegure su casa. Cierre el agua, la electricidad y el gas natural si es necesario. Limpie otros peligros, como los cristales rotos, si es posible. Asegure los puntos de entrada de posibles saqueadores.
- Elabore un plan y actúe en consecuencia.
- Busque ayuda/ayude a otros (vecinos, familiares, etc.).
- Evacúe si se lo aconsejan.
- Mejore la moral aumentando el confort (comida, agua, calor, etc.), manteniéndose ocupado, siendo positivo y creando familiaridad para los niños y las mascotas (por ejemplo, con juguetes favoritos).

Capítulos relacionados:

- Alimentación
- Agua

AVALANCHA

Una avalancha se produce cuando una masa de nieve se desliza por una pendiente pronunciada.

· · ·

Cuando estés en una zona de avalanchas, viaja con un amigo, presta atención al tiempo y lleva una baliza de rescate. Existe el riesgo de que se produzcan avalanchas en cualquier zona nevada y montañosa. Es más probable que se produzcan

- Tras un aumento de la temperatura.
- Después de la lluvia.
- En barrancos profundos y llenos de nieve.
- Por la tarde si la mañana ha sido soleada.
- En ángulos de 30° a 45°.
- En el lado que da la espalda al viento (lado de sotavento).
- En laderas convexas cubiertas de nieve.
- En las 24 horas siguientes a una nevada de 2 o más horas de duración, especialmente con temperaturas bajas.

Cuando atraviese el territorio de los aludes, tome las siguientes precauciones de seguridad:

- Después del mediodía, manténgase en las laderas que ya han estado expuestas al sol.
- Antes del mediodía, circule por zonas de sombra.
- Evite los pequeños barrancos y valles con paredes laterales empinadas.
- Lleve una sonda de avalancha y una baliza.
- Manténgase en las crestas y en los terrenos altos por encima de las vías de avalancha.

Si hay un grupo de personas:

- Manténgase separado al menos 20 metros.
- Encadénense y utilicen los cinturones de seguridad, excepto al esquiar.
- Descienda las pendientes de uno en uno.

Sobrevivir a una avalancha

La acción a realizar para sobrevivir a una avalancha depende de dónde se encuentre en relación con ella. Si comienza por debajo de tus pies, sube la pendiente de cualquier grieta en la nieve. Cuando esté por debajo, muévase hacia el lado más cercano fuera de su trayectoria.

Si no puedes evitarlo, deshazte de todo el peso de acceso y agárrate a algo sólido, como un árbol. No abandones el bastón de esquí ni los dispositivos de comunicación.

Cuando no haya nada a lo que agarrarse, utilice la brazada de natación de estilo libre para mantenerse encima de la nieve. Si no puedes mantenerte en la cima, pon las manos delante de la nariz y la boca para crear una bolsa de aire.

En cuanto te pares, haz un área lo más grande posible mientras intentas llegar a la superficie. Utiliza tu bastón de esquí para hurgar y encontrar aire libre.

Para saber cuál es el camino hacia arriba (hacia la superficie), escupe y ve en la dirección opuesta a la que cae el escupitajo.

VENTISCA

Una ventisca es una fuerte tormenta de nieve. En caso de ventisca, refúgiate hasta que pase. Si no hay refugio, construya uno.

Prepare su casa para una ventisca almacenando lo siguiente

- Sal de roca para los caminos.
- Arena para la tracción.
- Palas para limpiar la nieve.
- Madera para quemar.
- Ropa de abrigo.

Evite siempre conducir si existe la posibilidad de que se produzca una ventisca, y guarde unas cuantas mantas de emergencia en su coche por si acaso.

Si le sorprende una ventisca mientras conduce, deténgase y espere a que pase la tormenta. Utiliza las fundas de los asientos y las alfombrillas como aislamiento de emergencia. Si tienes suficiente combustible, puedes poner en marcha el motor para entrar en calor.

Cubre el motor para minimizar la pérdida de calor y asegúrate de que el tubo de escape está libre. Haz funcionar el motor sólo durante 10 minutos por hora para evitar la intoxicación por monóxido de carbono y para conservar la batería. Si empiezas a sentirte adormecido, apaga el motor y abre una ventana.

Mantenga apagadas las luces de emergencia para conservar la batería, pero deje encendida la luz interior de la cúpula por la noche.

Si la nieve se acumula, salga y construya un refugio de nieve para evitar quedar atrapado en su coche. Sólo aléjese de su vehículo o refugio si:

- La ayuda es accesible a una distancia razonable.
- Tiene visibilidad y las condiciones son seguras.
- Tiene la ropa adecuada.

Cuelgue algo brillante en su refugio para que usted y los demás puedan encontrarlo.

Cómo construir una zanja para la nieve

Una zanja de nieve es un refugio fácil de construir que puede acomodar a varias personas si se hace lo suficientemente grande.

Cava una zanja lo suficientemente larga y ancha para que puedas dormir en ella. Utiliza lo que saques para construir los laterales. Oriéntala para que el viento golpee los lados largos y haz la entrada en el extremo inferior.

Haz un techo con palos y vegetación, material o ladrillos de nieve compactados apoyados unos contra otros. Rellena los huecos con nieve y aísla el suelo con vegetación seca o lo que tengas.

Mantén tu herramienta de excavación junto a ti en caso de que el refugio se derrumbe.

TERREMOTO

Un terremoto se produce cuando se produce un deslizamiento repentino en una falla del terreno. La mayoría son menores, pero a veces son devastadores.

Los grandes terremotos también pueden desencadenar otras catástrofes naturales, como los tsunamis.

Si vives en una zona propensa a los terremotos, haz lo posible por asegurar todos los objetos móviles y pesados.

. . .

En caso de terremoto, tome el punto más bajo de un edificio, y/o uno de los siguientes (en un orden aproximado de preferencia)

- Dentro del marco de una puerta interior bien apoyada.
- Debajo de un mueble grande (agárrate a él).
- Una esquina interior del edificio.
- Un pasillo.

Aléjese de:

- Objetos inestables, incluidos los del piso de arriba.
- Ascensores.
- Los cristales.
- Cocinas, cobertizos para herramientas, etc.

Si está en la cama, cúbrase la cara con una almohada.

Si está en un coche, permanezca en él. Deténgase en una zona abierta (no en un puente ni debajo de él) y agáchese por debajo del nivel del asiento. Extrema las precauciones en la carretera cuando vuelvas a conducir.

Si estás en el exterior, toma un espacio abierto. Túmbese en el suelo y cúbrase la cabeza y el cuello. No te metas bajo tierra ni en ningún túnel, y aléjate de las estructuras altas, incluidos los árboles. Si estás en una colina, el lugar más seguro es la cima.

. . .

Las playas que no están bajo acantilados son seguras durante un terremoto, pero deben ser evacuadas en cuanto terminen los temblores importantes, por si se produce un maremoto.

Una vez que termine el terremoto

Escuche a los medios de comunicación y prepárese para evacuar según las instrucciones.

Cierre el gas, la electricidad y el agua en la red. No hagas chispas ni llamas ni utilices la electricidad hasta que estés 100% seguro de que no hay fugas de gas. No intente volver a abrir el gas usted mismo. Deja que la compañía de gas compruebe si hay fugas y vuelva a abrirlo.

Tenga cuidado al abrir los armarios.

No se refugie en un edificio dañado. Construya uno temporal con escombros.

Si está atrapado bajo tierra, muévase lentamente y silbe o toque SOS. No grites si necesitas conservar el oxígeno.

·   ·   ·

SOS

SOS es la señal universal de socorro. Su patrón es:

... - - - ...

Se puede transmitir como:

- corto corto corto
- largo largo largo
- corto corto corto

Al tocar SOS, utilice la longitud de las pausas entre los toques.

- Toque toque toque. Pausa.
- Toque. Pausa. Toque. Pausa. Toque. Pausa.
- Toque toque toque, pausa

Capítulos relacionados:

- Tsunamis y marejadas

INCENDIOS

El primer signo de incendio es el olor a humo. Si huele a humo, investíguelo. Cuanto antes lo confirme, más posibilidades tendrá de escapar o extinguir el incendio.

· · ·

Cómo extinguir un incendio

Un fuego muere sin oxígeno. Sofoca uno con arena, mantas ignífugas y/o utilizando un extintor y otras herramientas de extinción.

Tenga cuidado al utilizar agua. Si se trata de un incendio eléctrico o de aceite, el agua lo empeorará. Una mejor idea es hacer un extintor improvisado:

- Llena una botella cualquiera con 3/4 de bicarbonato de sodio.
- Vierte vinagre en la botella.
- Rocíalo sobre el fuego.

Agitar una lata de cerveza y abrirla en dirección al fuego también es un buen extintor improvisado.

En cuanto sientas que no puedes controlar el fuego, sal del peligro y pide ayuda.

Para apagar a un ser vivo que esté ardiendo, empújalo al suelo y afíncalo con una manta. Cuanto más pesada sea la tela, mejor. Haz que la persona o el animal se revuelvan.

· · ·

Enfríe inmediatamente cualquier zona de la piel quemada con abundante agua.

Incendios domésticos

Un incendio fuera de control en una casa puede ser devastador, pero a menudo es fácil de evitar tomando algunas precauciones básicas:

- Tenga extintores, especialmente en la cocina. Los extintores de polvo químico seco son buenos para todo. Como mínimo, tenga cubos de arena y agua cerca de las zonas de alto riesgo, incluso en el exterior.
- Instale detectores de humo, preferiblemente a pilas y con alarmas de CO incorporadas.) Utilice como mínimo una por nivel. Cambie las pilas y pruébelas cada dos años.
- Mantenga limpia la chimenea.
- Tenga a mano una pala, un rastrillo y cubos en caso de pequeños incendios en el exterior.
- Despeje todos los árboles pequeños y la maleza en un radio de 10 m (30 pies) de su casa, y limpie todo el follaje suelto. Recoge las hojas y limpia los canalones.
- Almacene los materiales inflamables de forma segura. Mantenga la leña a un mínimo de 10 m de su casa.

- Evite quemar nada en el exterior en días y noches de viento.
- Asegúrese de que todos los fuegos están completamente apagados (fríos al tacto) antes de abandonarlos.
- Si se acerca un incendio, rocíe la casa con agua.

Haz lo siguiente cada noche antes de ir a dormir:

- Asegúrate de que los enchufes no están sobrecargados.
- Apague y desenchufe los aparatos.
- Apaga las velas.
- No dejes objetos inflamables sobre superficies calientes (como la ropa sobre las estufas).

Enseña a todos los miembros de tu casa:

- Dónde están los extintores y cómo utilizarlos.
- Cuando abandonar la lucha contra el fuego.
- Varias rutas de escape de cada habitación, junto con puntos de reunión.
- Las responsabilidades individuales, como llamar a los bomberos y tomar a las mascotas.
- El plan contra incendios en el hogar.

Este es un ejemplo de plan contra incendios en el hogar: Gritar "FUEGO, FUEGO, FUEGO" y la ubicación del fuego para que todos en la casa lo sepan.

. . .

Lucha contra el fuego si es lo suficientemente pequeño. Si no puedes combatirlo:

- Llama a los bomberos.
- Cierra las ventanas y las puertas, y apaga las luces para contener el fuego.
- Coge tu bolsa de supervivencia si está cerca de ti.
- Escapa al punto de reunión. Manténgase agachado y compruebe las manillas de las puertas y otras superficies con el dorso de la mano antes de abrirlas.

Practique su plan contra incendios todos los meses.

Cuando estés dentro y el fuego esté fuera, y no haya tiempo para evacuar, quédate dentro. Cierre todas las persianas y cortinas, bloquee los huecos alrededor de puertas y ventanas y aléjese de las paredes exteriores.

Una vez que el fuego haya pasado, salga al exterior y apague cualquier fuego pequeño. Tenga cuidado con la inhalación de humo.

Incendios en vehículos

Guarde un extintor en un lugar donde pueda alcanzarlo fácilmente. No lo guarde en el maletero.

· · ·

Cuando un vehículo esté en llamas, intente apagarlo y luego salga del coche. Incluso si lo apagas, debes ventilar el vehículo, porque los humos son tóxicos. Si no puedes apagarlo, aléjate de él y pide ayuda.

Para mover un vehículo en llamas -para evitar que se incendie tu casa, por ejemplo- pon una marcha baja o una marcha atrás y saca el coche con breves ráfagas de encendido. El vehículo dará una violenta sacudida hacia delante.

No te subas al coche para hacerlo.

Escapar de los incendios

Hay varias formas de escapar de los incendios. Lo que use depende de la situación.

En todos los casos, mantenga la ropa puesta para protegerse y empápela con agua si puede. Quítese todos los conductores de calor (joyas, aparatos electrónicos, etc.). Un paño húmedo sobre la boca y la nariz le ayudará con la inhalación de humo.

Lo mejor es evitar el fuego. Rodéelo si puede.

· · ·

Cuando no sea posible, diríjase a cualquier cortafuegos natural, como agua, un gran claro, un barranco profundo, etc. Muévete cuesta abajo y/o en dirección al viento. Estas son las direcciones en las que el fuego se desplaza más lentamente. El humo es un buen indicador de la dirección del viento.

Cuando esté en un edificio, estudie y tome una foto de las rutas de evacuación y las salidas de emergencia. Forme equipo con otras personas y tome la escalera de incendios si puede. Nunca tome el ascensor. Marque sus movimientos con Sharpies o notas adhesivas para que los rescatadores puedan seguir su camino. Colóquelas a la altura de las rodillas o más abajo.

Si está en un vehículo, permanezca en él. No intente conducir a través de un humo espeso. Aparca en una zona despejada o sal de la carretera, pero no te arriesgues a quedarte atascado. Encienda los faros, cierre las ventanas y selle los conductos de ventilación.

Crear un cortafuegos es una buena opción cuando el fuego está a cierta distancia y no hay forma de evitarlo. El objetivo es quemar todo el combustible en una zona concreta, para que el fuego principal no tenga nada que quemar. La zona quemada que creas es el cortafuegos, y es segura para que puedas permanecer en ella.

· · ·

Para crear un cortafuegos, determina cuidadosamente la dirección del viento y enciende un fuego a lo largo de una línea lo más amplia posible. Hazla de al menos 10 metros de ancho.

Cuando estés desesperado, puedes intentar correr a través del fuego. Si esto es lo que planeas hacer, cuanto antes mejor. No lo intentes a través de una vegetación espesa.

Utiliza una manguera para despejar tu camino si tienes una disponible.

Como último recurso, entiérrate. Despeja la zona de follaje y cava un hueco lo más profundo posible. Arroja la tierra sobre un abrigo, una manta o algo similar, luego túmbate boca abajo y tira del abrigo con la tierra encima de ti.

Tápate la boca y la nariz con las manos y trata de contener la respiración mientras el fuego pasa por encima.

INUNDACIÓN

Una inundación se produce cuando el agua cubre un terreno que normalmente está seco.

. . .

Las causas más comunes son las lluvias torrenciales, el derretimiento de la nieve y las olas masivas del océano.

Las pequeñas inundaciones no suelen ser un problema, pero las grandes pueden ser bastante destructivas. Cuanto más alto estés, más seguro estarás de las inundaciones.

Cuando te sorprenda una inundación, toma el interior de un edificio. Prepara tus kits de supervivencia y algún tipo de balsa. Incluso una puerta flotante es mejor que nada. Desconecta el gas, la electricidad y el agua de la red, y luego dirígete a un piso superior o a un tejado con un refugio. Si el edificio tiene un tejado inclinado, átalo todo.

A no ser que vivas en la costa o te veas obligado a evacuar, no te muevas.

Cada año, se producen más muertes debido a las inundaciones que a cualquier otro peligro relacionado con las tormentas.

La causa más común de muerte en las inundaciones es conducir un vehículo por aguas de inundación peligrosas. Afortunadamente usted puede tomar medidas para protegerse y proteger a su familia y su casa.

· · ·

Durante la vigilancia o un aviso de inundación

- Prepare suministros de emergencia, como alimentos y agua. Almacene al menos 1 galón de agua por día para cada persona y cada mascota. Tenga una reserva para al menos 3 días.
- Escuche su estación de radio o canal de televisión local para saber si hay novedades.
- Tenga a mano sus registros de vacunación (o sepa el año en que se aplicó su última vacuna contra el tétanos).
- Guarde los registros de vacunación en un recipiente a prueba de agua.
- Lleve adentro las cosas que tenga afuera (muebles de jardín, parrillas, botes de basura) o amárrelas bien a un lugar fijo.
- Si parece necesario evacuar el lugar, corte el suministro de todos los servicios públicos desde el interruptor principal y cierre la válvula principal del gas.
- Váyase de las áreas propensas a inundación: zonas bajas, cañones, costas, etc. (Recuerde: evite manejar a través de áreas inundadas y agua estancada).

Después de la inundación

- Evite manejar por áreas inundadas y agua

estancada. Tan solo seis pulgadas de agua pueden hacerle perder el control de su vehículo.

- No beba el agua de la inundación ni la use para lavar platos, cepillarse los dientes, o lavar o preparar alimentos. Beba agua limpia y segura.
- Si tuvo que evacuar su casa, regrese solamente después de que las autoridades locales digan que es seguro hacerlo.
- Escuche por si hay advertencias de que se debe hervir el agua. Las autoridades locales le avisarán si el agua es segura para beber y bañarse.
- Mientras esté en vigencia una recomendación sobre el uso del agua, use solamente agua embotellada, hervida o tratada para beber, cocinar, etc.
- Si tiene dudas, ¡bótela! Bote todo alimento o agua embotellada que entre o pueda haber entrado en contacto con el agua de la inundación.
- Prevenga el envenenamiento por monóxido de carbono (CO). Use los generadores a por lo menos 20 pies de distancia de cualquier puerta, ventana o rejilla de ventilación. Si usa una máquina de lavado a presión, asegúrese de que el motor quede afuera y que esté a por lo menos 20 pies de las puertas, ventanas o rejillas de ventilación. Nunca encienda el motor del automóvil o camioneta adentro del garaje si está unido a la casa, ni siquiera con el portón abierto.

El daño inicial que causan las inundaciones no es el único riesgo. Las aguas de inundación estancadas también pueden propagar enfermedades infecciosas, contener sustancias químicas peligrosas y causar lesiones.

Si cuando regresa a su casa, encuentra que esta se inundó, use prácticas de limpieza seguras*. Retire y deseche los paneles de yeso y el material de aislamiento que se hayan contaminado con el agua de la inundación o con aguas residuales. Bote todos los artículos que no puedan lavarse ni limpiarse con una solución de cloro: los colchones, las almohadas, las alfombras, el almohadillado de las alfombras y los juguetes de peluche. Los propietarios de vivienda quizás quieran guardar temporalmente algunos artículos afuera de la casa hasta que puedan presentar las reclamaciones de seguro.

Limpie las paredes, los pisos de superficie dura y otras superficies de la casa con agua y jabón, y desinféctelos con una solución preparada con una taza de cloro por cada cinco galones de agua.

La contaminación de los alimentos y el agua es alta después de una inundación, así que manténgase alejado del agua de la inundación y de los alimentos frescos que hayan estado en contacto con ella.

· · ·

Puedes comer alimentos enlatados que hayan estado expuestos al agua de la inundación. Lava las latas con jabón y agua limpia y caliente antes de abrirlas. Purifique toda el agua.

Evacuación

Para evacuar en una inundación, busque refugio en el terreno más alto posible.

No intentes cruzar el agua a menos que estés seguro de que no será más alta que el centro de las ruedas de tu vehículo, o tus rodillas si vas a pie. Incluso un pequeño desnivel puede suponer una gran diferencia en el nivel del agua. Tenga cuidado con un puente ya sumergido. Puede estar perdido.

Si su coche se deja de funcionar, abandónelo.

DESLIZAMIENTO DE TIERRA

(también conocido como deslizamiento de lodo, deslizamiento de escombros, etc.)

· · ·

Un deslizamiento de tierra es como una avalancha, pero con tierra cayendo por una ladera en lugar de nieve.

Cualquier suceso que haga inestable la ladera, como una lluvia fuerte o un terremoto, puede provocar un desprendimiento. Suelen producirse en zonas de desprendimientos pasados y en terraplenes a lo largo de las carreteras.

Cuando notes que se aproxima un desprendimiento de tierra, apártate. Si estás en un edificio, toma un piso más alto, si es posible, y aléjate de las ventanas y de cualquier objeto que pueda hacerte daño.

Si no puedes apartarte, hazte un ovillo en el suelo y protégete la cabeza.

Una vez pasado el desprendimiento, aléjate de la zona del deslizamiento por si se produce otro. Ten cuidado con cualquier otro peligro que haya creado, como cables eléctricos caídos o fugas de gas.

Repare y vuelva a plantar en el terreno dañado lo antes posible.

Capítulos relacionados:

- Avalancha
- Terremoto

RAYOS

Cuando se desata una tormenta, estemos al aire libre o dentro de nuestras casas, siempre tenemos que ser precavidos y seguir una serie de recomendaciones para reducir el riesgo de impacto directo o indirecto de un rayo, lo que en muchos casos tiene consecuencias fatales. En la Tierra, caen cada día unos 8.600.000 rayos, de los que una importante fracción impactan en zonas pobladas o lugares donde puede haber personas. Al año, en promedio, 24.000 individuos mueren como consecuencia de los rayos, y bastantes de esas muertes podrían evitarse si toda la población pusiera en práctica una serie de medidas de prevención.

No todos los impactos por rayo —tanto directos como indirectos— resultan mortales; lo son, como norma general, el 30% de ellos.

Un rayo es una descarga electrostática masiva de energía en la atmósfera. La probabilidad de sobrevivir a un rayo es alta (90%), pero es probable que sufra algún tipo de lesión grave.

· · ·

Para limitar la posibilidad de lesiones, permanezca en el interior cuando haya una tormenta de rayos/truenos. Evite los terrenos elevados y los objetos altos aislados.

No se refugie en la boca de una cueva (en el interior está bien) o bajo un saliente de roca. Si piensas refugiarte en una cueva, asegúrate de tener al menos un metro de espacio a tu alrededor. Si estás en el exterior, busca un terreno bajo y llano. Agáchate sobre algo para aislarte (nada metálico ni húmedo) y hazte lo más compacto posible.

Cuando no tengas nada que usar como aislante, túmbate. El hormigueo en la piel y/o la sensación de que se te ponen los pelos de punta es una señal de que va a caer un rayo cerca. Si sientes cualquiera de las dos cosas, tírate al suelo inmediatamente.

Si la tormenta nos sorprende al aire libre

- Evitar resguardarnos debajo de un árbol aislado

Si un árbol está aislado estamos asumiendo un gran riesgo.

Al ser un elemento que destaca sobre el terreno, genera el conocido "efecto punta", de manera que aumentan las posibilidades de que alguno de los rayos de la tormenta vaya a impactar justo en él; en cuyo caso, parte de su tronco y ramaje se astillarían de manera explosiva, aparte de combustionar, y sufriríamos las fatales consecuencias.

- Evitar promontorios, rocosos, peñas y cumbres

La primera medida de prevención que debemos adoptar cuando estamos en la montaña es evitar las zonas altas, muy expuestas, durante las horas del día en que la actividad tormentosa es más común (a partir de primeras horas de la tarde). Si, aún así, nos sorprende una tormenta arriba, cuando nos percatemos de que se está empezando a gestar, debemos de abandonar las cumbres, riscos, peñas y promontorios por ser zonas particularmente expuestas al impacto de los rayos.

- No observar la tormenta desde la entrada de una cueva

Es tentador buscar la protección de una cueva o abrigo natural cuando nos coge una tormenta en campo abierto, y aprovechar ese privilegiado mirador a resguardo para contemplar el espectáculo visual. Es muy peligroso, ya que, en las cuevas, debido a la diferencia de temperatura que siempre hay entre el exterior y el interior, siempre hay establecida una corriente de aire. Dicho flujo es una especie de imán para las cargas eléctricas que ionizan el aire en el entorno tormentoso, lo que puede provocar que alguno de los rayos busque la entrada de la cueva como canal natural de descarga, lo que puede resultar fatal si nos encontramos justo ahí.

- No echar a correr campo a través

Posiblemente, se trate de la medida más difícil de adoptar, ya que cuando tenemos miedo —que es lo que provocan en nosotros los rayos y truenos—, instintivamente echamos a correr, en un intento por alejarnos del peligro. Lo cierto es que es una temeridad si estamos a descubierto, en lugar sin protección, empapados, con el suelo también mojado por la lluvia, y con rayos cayendo en las cercanías. Ante esa situación, tenemos que actuar con la cabeza fría. Si llevamos objetos metálicos (mochila con armazón de metal, piolet, móvil...), debemos de desprendernos de ellos. Si empezamos a notar que se nos eriza el vello o se produce algún chispazo al juntar dos de nuestros dedos, el aire está muy ionizado y la probabilidad de que impacte un rayo de forma inminente en nuestra posición o alrededores es muy alta. Tenemos que seguir la siguiente recomendación (la número 5).

- Ponerse de cuclillas en posición fetal

Con la tormenta encima de nosotros, cayendo rayos a nuestro alrededor, con el consiguiente ruido sobrecogedor de los truenos hay que evitar convertirnos en un objeto que destaque sobre el terreno, potenciando el "efecto punta". Debemos de evitar tumbarnos en el suelo, ya que seguramente estará mojado por la lluvia, y si un rayo impacta a cierta distancia el suelo húmedo actuará como un eficaz conductor de la electricidad, y podrá alcanzarnos una descarga peligrosa, al estar en contacto con él. Sólo es recomendable permanecer tumbado o sentado si disponemos de un material seco y aislante para tal fin. En caso contrario, lo que debemos hacer es ponernos de cuclillas, reduciendo al máximo la zona de contacto con el suelo, aparte de estar aislados eléctricamente de él gracias al material no conductor de las suelas de las botas. Agacharemos también la cabeza, con las manos en la nuca, adoptando la posición fetal.

- Buscar la seguridad de un vehículo

El interior de un vehículo es un sitio bastante seguro para evitar las consecuencias fatales del impacto de un rayo. Un vehículo se comporta como una "jaula de Faraday", de manera que si permanecemos dentro de él estaremos seguros, incluso aunque algún rayo impactara sobre él. Debemos de tomar algunas precauciones, como cerrar las ventanillas, los conductos de aire, así como apagar el motor y desconectar la radio. También es muy importante, permanecer dentro sin tocar ninguna parte metálica del interior del vehículo.

- Salir del agua si nos estamos bañando

En verano, es bastante común estar disfrutando de un día de baño, en el mar, en un río, lago o en una piscina, y vernos sorprendidos por una tormenta. Hay que evitar estar dentro del agua una vez que hayamos escuchado el primer trueno, momento a partir del cual la caída de rayos es inminente. El agua pura es mala conductora de la electricidad, cosa que no ocurre con el agua salada del mar, el agua de ríos y lagos —con su contenido de sales y minerales—, así como el agua tratada (clorada) de las piscinas. En todos estos casos, conducen eficazmente la electricidad, de manera que si, por ejemplo, estamos bañándonos en el mar e impacta un rayo sobre la superficie marina a varios metros —incluso decenas de ellos— de distancia de nosotros, las consecuencias podrían ser fatales.

Si estamos en casa y hay tormenta

- Cerrar las ventanas

Nuestras viviendas, protegidas la mayoría de ellas con un pararrayos, nos proporcionan seguridad ante las tormentas, pero no debemos infravalorar los riesgos del impacto de rayo. La principal recomendación es cerrar las ventanas de casa, evitando de esa manera que se generen corrientes de aire. Esta norma no solemos cumplirla, ya que las tormentas que, preferentemente, ocurren en días calurosos de primavera y verano, refrescan mucho el ambiente y solemos aprovechar para que la casa se ventile, gracias a las ráfagas de viento generadas por las tormentas. Si no cerramos las ventanas, corremos el riesgo de que algún rayo encuentre en nuestra vivienda su canal de descarga. Hay bastantes casos documentados, algunos de ellos con fatales consecuencias.

- Evitar estar en contacto con agua corriente

A nuestras casas llega agua corriente a través de las cañerías, y cuando hay tormenta debemos evitar estar en contacto con ella. No es una buena idea, por ejemplo, ducharnos o bañarnos mientras está descargando una tormenta, ni tampoco estar fregando. El peligro es mayor en viviendas aisladas en el campo o en pequeños núcleos de población, donde el agua para el consumo suele almacenarse en un gran depósito, que ‑junto al campanario de la iglesia‑ suele ser la construcción más elevada del pueblo y, por lo tanto, la más expuesta a recibir el impacto de algún rayo.

- Desconectar los electrodomésticos y dispositivos conectados a la red eléctrica

Si bien algunas viviendas disponen en sus azoteas y tejados de pararrayos, el mantenimiento de estos no siempre es el adecuado, volviéndose en muchos casos ineficaz la toma de tierra de estos dispositivos.

El riesgo de una sobretensión en la corriente eléctrica que discurre por las viviendas es alto en muchas casas cuando descarga una tormenta con fuerte aparato eléctrico. Para evitar sustos y lamentos, no solo porque pueda quedar inutilizado un ordenador personal, una TV o un frigorífico, sino porque pueda desatarse un incendio en el interior de casa, una buena medida de prevención es desconectar todos los aparatos de la red eléctrica, evitando males mayores.

·   ·   ·

PANDEMIA Y PLAGAS

Una pandemia o plaga es una enfermedad infecciosa generalizada, como el ébola. Suele durar unos tres meses y puede tener oleadas secundarias.

Para protegerse de una pandemia, manténgase al día con las vacunas y manténgase sano en general para tener un sistema inmunológico más fuerte.

Siga los medios de comunicación para conocer las advertencias y actualizaciones. Si teme que se produzca una pandemia, aumente sus reservas para que duren tres meses o más (véase la parte 2 de este libro) y/o evacúe la zona.

Cuando llegue la pandemia, evita salir en público. Si tiene que hacerlo, sea muy diligente con la higiene personal. Utilice una mascarilla y evite tocarse la cara después de tocar objetos públicos, como los cajeros automáticos. Consulte el capítulo sobre contaminación biológica para saber cómo fabricar máscaras improvisadas.

Busque atención médica inmediata para cualquier persona que tome una enfermedad. En caso de colapso de la sociedad, ponga en cuarentena a las personas enfermas sellando una zona con láminas de plástico y cinta adhesiva.

Capítulos relacionados:

- Contaminación biológica

TORMENTA DE ARENA

Una tormenta de arena (o de polvo) es un muro de arena arrastrado por el viento. Es común en las regiones áridas y semiáridas.

Cuando te sorprenda una tormenta de arena, toma un refugio natural a favor del viento. Protéjase los ojos, la nariz y la boca.

Si viaja por el desierto, siéntese o túmbese en la dirección en la que viaja. Quédese quieto hasta que pase la tormenta.

Cuando esté en un coche, salga de la carretera inmediatamente. Apague los faros y encienda las luces de emergencia.

¿Cómo sobrevivir una tormenta a pie?

- Ponte una máscara sobre la nariz y la boca.

Si tienes un respirador o una máscara diseñados para filtrar partículas pequeñas, póntelos de inmediato. Si no tienes ninguno, envuélvete un pañuelo o algún otro pedazo de tela alrededor de la boca y la nariz. Humedécelo un poco si tienes suficiente agua. Por otro lado, aplícate un poco de vaselina en la parte interior de tus orificios nasales para evitar que las membranas mucosas se sequen.

- Protégete los ojos.

Los lentes normales te brindarán una protección mínima contra el polvo o la arena que vienen volando, pero las gafas herméticas son mejores. Si no tienes estas últimas, protégete la cara con un brazo cuando avances y envuélvete la cabeza con un pedazo de tela ajustado para protegerte los ojos y los oídos.

- Busca refugio.

Te será útil hasta un auto estacionado, siempre y cuando esté a un lado de la carretera y no haya peligro de que algo lo golpee. En la medida de lo posible, tu mejor opción será entrar a un lugar cerrado. Sin embargo, cualquier estructura "a sotavento" (que te protege de la dirección en la que viene el viento) de la tormenta será mejor que nada.

- La arena rebota al golpearse contra los objetos, así que de todas maneras debes tratar de cubrir la mayor parte que puedas de tu piel y tu rostro.
- Si no puedes hallar un refugio, ponte de cuclillas.

Esta posición reduce la probabilidad de que algún objeto que esté volando te golpee.

- Ve a un lugar elevado.

La mayor concentración de polvo o arena salta cerca del suelo, por lo que las tormentas tendrán una menor intensidad en la cima de un monte. Busca un lugar elevado si puedes encontrar un punto seguro, sólido y alto, pero solo en el caso de que la tormenta no venga acompañada de rayos y no haya riesgo de que te golpeen desechos más pesados que estén volando.

- No te eches en una zanja, pues podría ocurrir una inundación repentina incluso si no está lloviendo en el lugar donde te encuentras. En la nube de polvo, la lluvia generalmente se seca antes de llegar al suelo, pero podría estar lloviendo cerca y las zanjas, arrojos y otras áreas hundidas podrían inundarse rápidamente.
- Si tienes un camello, haz que se siente y presiona tu cuerpo contra el lado del animal que está a sotavento. Los camellos están bien adaptados para sobrevivir las tormentas de polvo.
- Si estás en dunas de arena, no busques refugio en el lado que está a sotavento de alguna de ellas. Los vientos fuertes pueden levantar grandes cantidades de arena muy rápidamente y podrías terminar enterrado en ella.

- Protégete de los objetos que están volando.

Busca una roca grande o algún accidente geográfico para protegerte al menos de manera parcial. Cubre la mayor parte de tu cuerpo que puedas para protegerte de la arena que está volando. La arena impulsada por el viento podría lastimarte, pero los vientos fuertes de una tormenta de polvo pueden llevar consigo objetos más pesados (y más peligrosos). Si te quedas sin refugio, trata de mantenerte cerca del suelo y protégete la cabeza con los brazos, una mochila o una almohada.

- Espera a que termine la tormenta.

No intentes avanzar a través de la tormenta, pues es demasiado peligroso. Quédate donde estás y espera a que pase antes de ir a otra ubicación.

- Si puedes llegar rápidamente a dicho refugio antes de que la tormenta de polvo te alcance, ve lo más velozmente que puedas y quédate adentro. Cierra todas las puertas y ventanas, y espera a que pase la tormenta.
- Si estás con otras personas, quédense juntos para que sea mucho menos probable que alguien se pierda.

¿Cómo sobrevivir a una tormenta en un auto?

- Trata de sobrepasar la tormenta de manera segura.

Si ves una tormenta de polvo a una cierta distancia y estás en un vehículo o tienes acceso a uno, es posible que puedas sobrepasarla o rodearla. Algunas tormentas de polvo pueden viajar a más de 120 km/h (75 m/h), pero normalmente lo hacen a una velocidad mucho menor. Sin embargo, no es recomendable tratar de sobrepasar una tormenta si tienes que ponerte en riesgo al conducir a altas velocidades. Si la tormenta te está alcanzando, lo mejor es detenerte y prepararte para enfrentarla. Una vez que te envuelva, la visibilidad podría pasar a ser nula en cuestión de segundos.

- No intentes sobrepasar una tormenta a pie. Las tormentas de viento son impredecibles y es muy sencillo que una te sobrepase si de repente cambia de dirección o se vuelve más veloz.
- Conduce hacia un lugar seguro donde puedas refugiarte hasta que la tormenta pase.

- Desvíate hacia el arcén de la carretera y detente.

Si estás circulando y de repente la visibilidad disminuye a menos de 92 m (300 pies) de distancia, hazte a un lado de la carretera (de ser posible, sal de ella), estaciona el auto, apaga los faros y asegúrate de que las luces de freno y las direccionales estén apagadas también.

- Si no logras desviarte hacia el arcén de la carretera sin problemas, ten los faros encendidos, enciende las luces de emergencia, reduce la velocidad y sigue avanzando con precaución, haciendo sonar el claxon de manera periódica. Utiliza la línea central de la carretera como guía si no puedes ver al frente. Desvíate hacia el arcén en el punto seguro más cercano.

- Apagar los faros cuando estés estacionado fuera de la carretera reducirá la posibilidad de que te choquen por atrás. En muchos casos, si las luces exteriores están encendidas, otros conductores utilizarán las luces traseras de la persona que está delante de ellos como una guía para recorrer la carretera que se extiende frente a ellos. Si estás estacionado a un lado de ella, esperando con las luces encendidas, alguien podría pensar que puede seguirte y es posible que se salga de la carretera e incluso se estrelle contigo.

- Refúgiate y quédate donde estás.

No trates de avanzar en una tormenta enceguecedora, pues no podrás ver los peligros que podrían estar en tu camino.

- Sube las ventanas y cierra las rejillas de ventilación que conducen el aire de afuera hacia adentro.

- No muevas tu vehículo hasta que la tormenta haya pasado sin problemas.

Consejos:

- De ser posible, evita los lentes de contacto en áreas propensas a las tormentas de polvo. Incluso pequeñas cantidades de polvo transportado por el aire pueden provocar irritación en los ojos y problemas de visión para las personas que utilizan lentes de contacto, y solo las condiciones secas y calurosas pueden causar molestias. Lleva tus lentes si vas a trabajar o viajar en un desierto.
- En los climas desérticos, con frecuencia los vehículos pueden crear sus propias mini tormentas de arena. Esto es un problema en el caso de las caravanas de vehículos, pues las nubes de polvo constantes causan estragos en las partes en las que se avanza y la menor visión puede provocar accidentes. Además, podría contribuir a que las personas que viajan en estas caravanas presenten problemas respiratorios, así que lleva una máscara y protección para los ojos si vas a atravesar el desierto en un vehículo abierto.
- No te alejes del grupo. Si vas a viajar con un grupo, no te aventures solo en una tormenta de polvo, pues podrías terminar completamente perdido en un abrir y cerrar de ojos. Los miembros de un grupo deben permanecer juntos

y agarrarse de las manos o los brazos. Si es indispensable que alguien deje el grupo, por ejemplo, en el caso de alguna operación militar, esta persona debe estar asegurada con una soga (con el otro extremo sujeto alrededor de alguien que se quede con el grupo), de modo que pueda regresar sin problemas.

- Las tormentas de polvo varían en tamaño y duración: la mayoría son bastante pequeñas y solo duran unos cuantos minutos, mientras que las más grandes pueden extenderse por cientos de kilómetros, elevarse más de un kilómetro y medio, y durar varios días. Las condiciones ideales para que se dé una tormenta de polvo son las mismas que para las tormentas eléctricas y, por lo general, estas llegan acompañadas con rayos.

Advertencias:

- Nunca entres a una tormenta de polvo a propósito. Si puedes evitar quedar atrapado en una, no pruebes tu suerte.
- Las tormentas de polvo pueden ser especialmente peligrosas para las personas que tienen funciones respiratorias disminuidas o un sistema inmunológico debilitado. Inhalar incluso pequeñas cantidades de polvo podría provocar complicaciones letales para las

personas que ya tienen dificultades para respirar.

- Si es posible, evita operar aeronaves en vuelos a baja altura durante una tormenta de polvo o cuando haya condiciones para que se forme una. Operar este tipo de aeronaves, como los helicópteros, es extremadamente peligroso en una tormenta de polvo. La visión puede pasar de ser de varios kilómetros a cero en cuestión de segundos, y tendrás que depender de tus instrumentos para poder "ver". Además, es posible que el motor absorba la arena, lo que podría provocar fallos mecánicos catastróficos. Las aeronaves, como cualquier otro vehículo, también pueden crear sus propias mini tormentas de arena y las personas que están en la pista deben tomar precauciones durante el despegue y el aterrizaje para protegerse. Asimismo, en ambientes desérticos, los aviones no deben moverse con su propio impulso más de lo necesario para evitar el riesgo de que el polvo entre en el motor antes de que si quiera empiecen a volar (sin embargo, la mayoría de los aviones ligeros con motores alternativos tienen filtros de aire).

TORNADO

. . .

Un tornado (o twister) es una fuerza destructiva de aire en rotación. Tiene un ojo tranquilo como el de un huracán.

Los tornados suenan como fuertes peonzas. Si oyes (o ves) que se acerca uno, refúgiate bajo tierra, en un sótano, por ejemplo. Si no hay un refugio adecuado, cierra todas las puertas y ventanas y toma el centro del piso más bajo, preferiblemente en una habitación pequeña como un baño o un armario. Cuando no haya una habitación pequeña, tómese debajo de muebles resistentes o cúbrase con un colchón.

Refugiarse dentro de un coche o una caravana es el último recurso. Cualquier edificio es mejor. Al alejarse, conduzca en ángulo recto respecto a la trayectoria prevista del tornado. Aléjese de pasos elevados y puentes.

Esté donde esté, si el tornado se acerca demasiado para que pueda escapar, agáchese lo más posible y protéjase la cabeza. Si estás en el exterior, incluso tumbarse en una zanja es mejor que nada.

ARENAS MOVEDIZAS

Las arenas movedizas son una mezcla de arena fina (o limo o arcilla) y agua. Tiene una textura esponjosa.

· · ·

Es imposible sumergirse por completo en las arenas movedizas, pero te quedarás atascado. Llevar una pértiga te ayudará a salir.

Cuando te caigas, mantén la calma y muévete lentamente. Cuanto más te esfuerces, más te atascarás.

Coloca la pértiga en la superficie de las arenas movedizas y utilízala para guiar tu espalda hasta una posición flotante, con los brazos y las piernas extendidos.

Pasa la pértiga por debajo de las caderas, en ángulo recto con la columna vertebral.

Tira de las piernas hacia fuera, una tras otra, y muévete hacia el suelo sólido más cercano.

Puedes hacerlo sin pértiga, pero te llevará más tiempo. Lo principal es moverse lentamente hacia una posición horizontal.

Sacar a alguien de las arenas movedizas es muy difícil. Usa un palo largo o una cuerda, y hazlo lentamente.

· · ·

CICLONES TROPICALES

Un ciclón tropical es una gran tormenta en rotación. También se le llama huracán o tifón.

Durante un ciclón tropical, habrá un periodo de calma. Este es el ojo de la tormenta, que puede durar hasta una hora antes de que la tormenta se levante de nuevo. En ese tiempo, prepárese para las inundaciones y esté preparado para evacuar si se le indica.

Las indicaciones de una tormenta tropical que se aproxima incluyen:

- Variaciones anormales de la presión barométrica.
- Densos cirros que convergen hacia la tormenta.
- Aumento del oleaje oceánico, especialmente si va acompañado de atardeceres o amaneceres muy coloreados.

Cuando se acerca una tormenta tropical, debe decidir si se queda o evacua.

No intentes evacuar durante el huracán, sólo antes de él.

· · ·

Vaya lo más lejos posible hacia el interior y aléjese de las orillas de los ríos.

Si decide quedarse, manténgase en el interior. Tape las ventanas y asegure los objetos exteriores que puedan ser arrastrados por el viento. Cierre el gas y el agua en la red, y refúgiese en el punto más central y bajo del edificio.

Si está en un vehículo durante la tormenta, póngase el cinturón de seguridad y cúbrase la cabeza y el cuello.

Cuando esté en el exterior, intente encontrar una cueva. Una zanja es el siguiente mejor lugar, y en su defecto, el lado de sotavento (el que le protege del viento) de cualquier estructura sólida. Si no hay ningún refugio, túmbate en el suelo.

Durante el ojo, muévete al otro lado de tu cortavientos o busca un mejor refugio. Aparte de eso, no es aconsejable moverse durante la tormenta. Si tiene que hacerlo, manténgase agachado.

Intenta mantenerte alejado de cosas que puedan convertirse en escombros voladores, como vallas, cocos, árboles peque-ños, etc.

· · ·

Cuando esté en el mar, cierre las escotillas y guarde todo el equipo.

Capítulos relacionados:

- Inundación

TSUNAMIS Y MAREMOTOS

Los tsunamis y los maremotos son técnicamente diferentes, pero en el contexto de la supervivencia en caso de desastre, ambos son olas gigantes.

Cuando se produzca un terremoto, cuando vea una rápida caída o elevación de las costas, o cuando haya algún otro aviso de tsunami o maremoto, evacúe inmediatamente.

Busque terrenos altos lo más lejos posible de la costa. Muévase al menos 50 m por encima del nivel del mar y 4 km hacia el interior.

Un tsunami puede seguir a un terremoto. Una vez que haya pasado, siga el procedimiento estándar de inundación.

· · ·

Capítulos relacionados:

- Terremoto
- Inundación

VOLCÁN

Un volcán es una fisura en la tierra que puede arrojar ceniza, gas y lava. Hay muchas formas y tamaños de volcanes. La mayoría de la gente piensa en una montaña con forma de cono.

Los estruendos, el vapor y otras actividades son señales de que un volcán puede entrar en erupción. También puede haber lluvia ácida y olor a azufre en las fuentes de agua cercanas.

Existen numerosos peligros derivados de una erupción volcánica.

Lava

La lava es una roca fundida que fluye con temperaturas de hasta 1200 C.

Puedes huir de ella, pero no se detendrá hasta que llegue a un valle o se enfríe. Una vez que se enfría, se convierte en roca.

Misiles

Los misiles de un volcán pueden ser roca, lava fundida y otras cosas. La mejor protección contra ellos es permanecer en el interior y/o llevar un casco.

Ceniza y lluvia ácida

La ceniza y la lluvia ácida pueden afectar a lugares a los que la lava y los misiles no llegan. Si estás en el exterior mientras caen, usa una máscara y gafas para protegerte. Una vez que llegue al refugio, quítese la ropa, lave bien la piel expuesta y lávese los ojos con agua limpia.

La ceniza hará que las carreteras estén resbaladizas, así que tenga cuidado al conducir.

Bolas de gas

· · ·

Refúgiese en un refugio subterráneo o bajo el agua mientras las bolas de gas pasan por encima.

Flujos de lodo

Un flujo de lodo es un deslizamiento de tierra formado principalmente por lodo. Puede ocurrir durante o después de una erupción volcánica. Consulte el capítulo de Deslizamientos de tierra para saber qué hacer en caso de una avalancha de lodo.

Capítulos relacionados:

- Deslizamiento de tierra

2

Desastres Provenientes De Acciones Humanas
SECUESTRO DE AVIONES

EN EL CASO de un secuestro de avión, se debe evaluar la situación lo mejor posible. Si es probable que salga sano y salvo, mantenga un perfil bajo y parezca obediente. Si cree que probablemente morirá de todos modos, puede intentar derribar a los terroristas. Puede aplicar la estrategia que se expone a continuación a cualquier individuo armado, como un tirador público.

Inhabilitar a un terrorista

Si aún no lo estás, toma un asiento de pasillo, pero no te dejes ver haciendo un intercambio.

Forme equipo con al menos otra persona capaz cerca de usted que esté en un asiento del pasillo, y comunique su plan, incluyendo quién hará qué y cuándo o cuándo no actuar. Reúna todas las armas improvisadas, escudos y medios de sujeción que pueda sin que se note.

Cuando pase un terrorista, acorrálelo. La persona que esté delante debe agarrar su arma mientras los demás lo incapacitan y/o lo retienen. Una vez que haya caído, utiliza su arma para derribar al resto de los terroristas. Si necesitas reforzar sus ataduras, ata los refuerzos sobre las existentes.

Encierra a los terroristas en los baños y vigílalos.

CONTAMINACIÓN BIOLÓGICA

La contaminación biológica se produce cuando microorganismos nocivos (bacterias, virus, hongos y/o parásitos) infectan el agua, los alimentos o el aire. En un escenario de catástrofe, esto puede deberse a una guerra biológica y/o al colapso de la sociedad, a diferencia de un caso aislado de alimentos contaminados.

Los signos de contaminación biológica incluyen

- Aviones que arrojan objetos o rocían, especialmente aviones enemigos en tiempos de guerra.

- Contenedores que se rompen o bombas inusuales, especialmente las que estallan con poca o ninguna explosión y/o explosiones amortiguadas.
- Personas, animales y/o vegetación enfermos o moribundos.
- Humo o niebla de origen desconocido.
- Sabor extraño en la comida o el agua.
- Lágrimas, dificultad para respirar, asfixia, picor, tos, mareos, etc.
- Sustancias inusuales en el suelo, la vegetación o su piel.

Cuando crea que hay contaminantes biológicos en el aire, cúbrase la boca, la nariz, los ojos y la piel. Utilice el equipo de protección si está disponible (traje biológico y máscara antigás). Aléjese de las depresiones (sótanos, zanjas, valles, etc.) y de la vegetación alta.

Muévase en dirección contraria al viento o hacia un terreno más alto.

Cocine todos los alimentos y hierva toda el agua potable no embotellada.

Cuando no pueda evacuar, refúgiese. Si necesita construir un refugio, hágalo en una zona despejada y alejada de la vegetación, y coloque la entrada en un ángulo de 90°

respecto al viento.

Equipo de protección improvisado

He aquí algunas formas de improvisar un equipo de protección:

- Empapa un paño limpio en una cucharada de bicarbonato de sodio mezclada con una taza de agua. Cúbrase la nariz y la boca con él.
- Una esponja empapada en agua limpia es un buen filtro de aire.
- Utiliza gafas de natación para proteger tus ojos.
- Cubre tu piel con polvo seco, como harina o maicena fina, para bloquear los poros.

En el caso de las máscaras de polvo improvisadas y la ropa, cuanto más fino sea el tejido, mejor. La seda es una buena opción.

Encontrar comida

Un gran problema cuando se trata de contaminación biológica es encontrar alimentos no contaminados. No confíes en nada que haya sido expuesto.

. . .

Los alimentos enlatados, el agua embotellada sellada y otros productos envasados deberían estar bien. Lávelos en agua limpia antes de abrirlos.

Si quieres cazar, toma las siguientes precauciones:

- Evite los animales que parezcan estar enfermos o moribundos.
- Despelleja al animal con cuidado para no contaminar la carne.
- Deja 0,5 cm (0,2 pulgadas) de carne en el hueso y desecha el hueso. Deseche todos los órganos internos.
- Cocínalo muy bien.
- Evite las fuentes de alimentos acuáticos, las cáscaras de huevo (el huevo en sí es seguro) y la leche directamente del animal.

En cuanto a las plantas, el orden de las más seguras para comer es el siguiente (las más seguras primero)

- Crecen bajo tierra (patatas, zanahorias, etc.).
- Se pueden pelar (naranjas, plátanos, manzanas, etc.).
- Todo lo demás.

Independientemente de lo que comas, lávalo bien y retira la piel o la capa exterior. En caso de duda, hiérvalo durante 10 minutos.

· · ·

Descontaminación

La información de esta sección se aplica a los casos de contaminación biológica, química y nuclear.

Descontamine su persona y todo el equipo tan pronto como sea seguro hacerlo. Hágalo antes de entrar en espacios habitados, preferiblemente en el exterior y a favor del viento de su casa y de otras personas.

Si está en el interior, elija una habitación con agua corriente y séllela. Cuanto más abajo esté en la casa, mejor.

Autodescontamínese si es posible.

Si está ayudando a niños pequeños, ancianos, etc., debe llevar ropa protectora y autodescontaminarse después.

Si su gobierno tiene un plan oficial de descontaminación, sígalo. Si no es así:

- Córtese toda la ropa. No se la pase por la cabeza.
- Ponga las gafas en cloro.
- Ponga toda la ropa en una bolsa de basura y ciérrela.

- Aclare (no se bañe) su cuerpo con agua fría (el agua caliente abre los poros).
- Empieza por la cabeza y ve bajando.
- No te restriegues.
- Lávate el pelo con agua y jabón mientras te inclinas hacia delante para protegerte la cara.
- Lávate las manos y la cara con agua y jabón.
- Secarse el cuerpo con un paño con agua y jabón.
- Lávese los ojos con abundante agua.
- Limpie con frecuencia los dientes, las encías, la lengua y el paladar.
- Enjuáguese, haga gárgaras y escupa si puede.
- Póngase ropa limpia.

Al lavarse, es mejor utilizar un jabón neutro, como el jabón de Castilla sin perfume, para evitar cualquier reacción química.

Para las zonas problemáticas, puedes:

- Secar con una solución de lejía al 0,5%. No lo hagas en la cara.
- Utilizar una mezcla de bicarbonato de sodio y agua al 5% para reducir los agentes irritantes, como el gas antidisturbios.
- Poner harina o polvos de talco en la zona afectada. Espera 30 segundos y luego límpialo.

Entierra lo que puedas. Lava todo lo demás con una solución de lejía al 5%.

. . .

Busca atención médica cuando sea seguro hacerlo, incluso si crees que no te ha afectado.

Capítulos relacionados:

- Explosiones

ATAQUE QUÍMICO

Un ataque químico es casi lo mismo que un ataque biológico, pero con productos químicos en lugar de contaminantes biológicos.

Algunas señales a las que hay que prestar atención son:

- Lluvia ácida.
- Pulverización de aviones, especialmente de aviones enemigos en tiempos de guerra.
- Gotas de película aceitosa en las superficies.
- Vapores líquidos.
- Nubes bajas, pero sin lluvia.
- Personas que enferman y/o se desmayan.
- Muerte de animales pequeños y/o de la vegetación.

Para combatir los ataques químicos, tome las mismas medidas que para la contaminación biológica.

Además, interponga tantas paredes como sea posible entre usted y cualquier nube tóxica. Intente tomar el interior de un edificio. Una vez dentro, cierre y bloquee todas las puertas y ventanas que den al exterior. Apague la circulación de aire y busque refugio en una habitación que:

- Tenga pocos puntos de entrada.
- Sea alta.
- Tenga acceso a agua, comida y un teléfono.

Cubra todos los huecos (tomacorrientes, rejillas de ventilación, etc.) con láminas de plástico o cinta adhesiva para conductos. Coloque toallas húmedas debajo de las puertas.

No bebas del grifo.

Capítulos relacionados:

- Contaminación biológica

EXPLOSIONES

. . .

Estos consejos son para los "pequeños" atentados, como los causados por granadas o bombas de tubo.

Para obtener instrucciones sobre qué hacer en caso de ataques nucleares, biológicos o químicos, consulte los capítulos correspondientes.

Cuando se produzca una explosión, espere una segunda.

Cúbrase la boca, respire superficialmente y evacúe la zona.

Si ve una granada (o un artefacto explosivo similar)

- Cúbrase si está a menos de tres pasos.
- Si no es así, salta para alejarte de la granada y tirarte al suelo.
- Adopte la posición de explosión.

Cuando esté en el interior, utilice el plan de acción antisísmica durante el bombardeo.

Después del bombardeo, espere un minuto antes de salir, luego hágalo lo más rápido posible y aléjese del edificio.

. . .

Consulte el capítulo sobre incendios para obtener información sobre cómo escapar de los edificios.

Si la bomba estalla en la calle, tome el edificio más cercano.

En su defecto, tome un lugar despejado y alejado de la zona de la explosión.

Aléjese de los coches u otras cosas sospechosas que puedan ser bombas adicionales.

La posición de la explosión

Túmbate boca abajo, con los pies mirando a la granada.

Cruza las piernas. Abra un poco la boca para evitar que se le rompan los pulmones.

Tápate los oídos y mantén los codos apretados contra las costillas.

Capítulos relacionados:

- Terremoto

- Incendios
- Ataque químico

LEY MARCIAL

La ley marcial es cuando el ejército toma el control de la policía. Puede introducirse en caso de disturbios civiles o de una invasión extranjera.

La disminución de los derechos de los civiles suele producirse con el tiempo. En cuanto vea los primeros signos, empiece a prepararse aumentando y ocultando las reservas.

Cuando se promulgue la ley marcial, espere lo siguiente:

- Toques de queda.
- Puntos de control.
- Registros domiciliarios.
- Restricciones de artículos necesarios para la vida diaria (energía, alimentos, medicinas, armas, etc.).
- Redadas en la comunidad.

En el caso de los disturbios civiles debidos a una catástrofe, por lo general se puede esperar. Una vez restablecido el orden, las cosas volverán a la normalidad.

. . .

Si crees que puede pasar un tiempo, puedes marcharte durante unos meses -para ir a visitar a un familiar en otro estado, por ejemplo- hasta que las cosas se calmen.

Cuando la ley marcial se deba a un nuevo gobierno, considere seriamente la posibilidad de marcharse, especialmente si hay signos de propaganda radical.

Sobrevivir a la ley marcial

Para sobrevivir a la ley marcial, sea el hombre gris. Mantente al margen y no llames la atención.

Lleva tu identificación en todo momento y sigue (o al menos aparenta seguir) todas las normas impuestas.

Evite los encuentros con la autoridad en los controles de carretera o en las reuniones públicas. Cuando te enfrentes a la autoridad, sé educado y obedece (dentro de lo razonable) sin ofrecer ninguna información importante.

ATAQUE NUCLEAR

. . .

La guerra nuclear puede crear destrucción a gran escala en poco tiempo y tener efectos duraderos. Puede que no haya tiempo para evacuar, y si lo hay, será un pandemónium.

Si puede evacuar, hágalo. Vaya lo más lejos posible y prepárese para estar lejos a largo plazo, es decir, durante meses o años. Deje atrás y/o entierre la ropa y el equipo contaminados. Viaja en dirección contraria al viento de la explosión y toma rutas que no estén congestionadas por todos los demás.

Si no va a evacuar, la construcción de un refugio contra la lluvia radiactiva es su mejor oportunidad de supervivencia. Esta opción requiere más tiempo y dinero de lo que la mayoría de la gente está dispuesta a gastar.

Aparte de eso, tome las mismas medidas que para un ataque químico.

Cuando estés al aire libre y no haya ningún refugio disponible, cava una zanja o un agujero de al menos 1 m (3 pies) bajo tierra y quédate allí. Cubre la zanja con material si lo tienes.

Adopte la posición de explosión (véase el capítulo de Explosiones).

· · ·

Después de una explosión, su supervivencia en condiciones nucleares depende del tiempo de exposición, la distancia a la fuente y el blindaje.

Cuando esté en un refugio seguro, permanezca allí durante al menos 24 horas, y preferiblemente unas semanas si tiene los suministros necesarios. Si tiene que salir (para conseguir agua, por ejemplo) no se exponga durante más de 30 minutos seguidos, y siga el procedimiento de descontaminación a su regreso (véase el capítulo sobre Contaminación Biológica).

Capítulos relacionados:

- Contaminación biológica
- Ataque químico
- Explosiones

CORTE DE LUZ

Un apagón es cuando se corta la electricidad. Puede afectar sólo a su propiedad o producirse a mayor escala, y puede ocurrir por cualquier número de razones. Una de las causas más comunes es el mal tiempo.

Para evitar un apagón, evite sobrecargar la red eléctrica. En el caso de que un apagón afecte a más de su propiedad, no hay mucho que pueda hacer para evitarlo, pero sí puede hacer cosas para prepararse.

Instala luces nocturnas en todas las habitaciones que se enciendan automáticamente durante un apagón.

Mantén tu congelador con botellas de PET (botellas de refresco) llenas de hielo. Cuando las llenes de agua, deja espacio para la expansión causada por la congelación.

Crea un kit de iluminación de emergencia que contenga

- Linternas.
- Fósforos y/o encendedores.
- Pilas, bombillas y fusibles de repuesto.
- Velas de larga duración.
- Algún tipo de entretenimiento, como cartas.

Considere la posibilidad de comprar un generador portátil de reserva.

Cuando se produzca un corte de luz, tome las siguientes medidas:

- Tome su kit de iluminación de emergencia.
- Asegure la seguridad de los miembros de la familia.

- Apague todos los aparatos eléctricos para evitar subidas de tensión cuando vuelva la electricidad.
- Comprueba si se ha ido la luz en todo el barrio. Si no es así, probablemente el problema sea el fusible principal. Tenga cuidado al comprobarlo, por sí el apagón es una trampa.
- Sigue los medios de comunicación locales.
- Mantente unido.

Para conservar la vida de tus alimentos, no abras el frigorífico ni el congelador. En los apagones que duren dos o más horas, meta los productos perecederos en una nevera con hielo. Puedes volver a congelar los alimentos si tienen cristales de hielo y se mantienen a menos de 4°C (40°F).

Línea eléctrica caída

Cuando te encuentres con una línea eléctrica caída, no la toques ni toques nada de lo que esté o haya tocado. Aléjate de él y llama a la compañía eléctrica para que lo arregle.

Electrocución

Cuando alguien se electrocute, utilice un material no conductor, como un trozo de madera o plástico seco, para separarlo de la fuente de electricidad. Los guantes no le darán protección. Una vez que ambos estén a salvo de la fuente, aplique los primeros auxilios.

ACCIDENTE DE AVIÓN

No hay mucho que pueda hacer para evitar un accidente de avión, pero sí para tener las mayores posibilidades de sobrevivir:

- Elija un asiento de pasillo a menos de cinco filas de una puerta de salida.
- Mantén tus zapatos puestos y tu kit de supervivencia en el bolsillo, especialmente durante los primeros y últimos 10 minutos del vuelo.
- Cuente el número de asientos hasta las salidas de delante y detrás de usted y tome nota de cualquier obstáculo.
- Compruebe que su dispositivo de flotación está donde debe estar. Si falta, informe a la tripulación de vuelo.
- Lea la tarjeta de seguridad (¡siempre!).
- Preste atención a la demostración de seguridad.
- Mantenga el cinturón de seguridad puesto durante todo el vuelo.
- Haga lo que le indique el personal de vuelo.

Aterrizaje de un avión

. . .

Cuando el piloto está incapacitado y no hay nadie más capaz, es posible que tengas que aterrizar el avión.

Acércate a los mandos y utiliza la radio para tomar las instrucciones de aterrizaje, que variarán en función del tipo de avión en el que te encuentres:

- Ponte los auriculares si los hay.
- Busca en el volante o en el panel de instrumentos el botón de hablar.
- Pulsa el botón y utiliza la llamada de socorro internacional de "¡Mayday! ¡Mayday!"
- Indique su situación, el destino y los números de llamada del avión, que deben estar situados en la parte superior del panel de instrumentos.
- Suelte el botón de hablar y escuche la respuesta.
- Si no hay respuesta, inténtelo de nuevo.
- Inténtelo de 3 a 5 veces, esperando 10 segundos por una respuesta entre cada intento.
- Si sigue sin haber respuesta, sintonice la radio en el 121.5, que es el canal de emergencia internacional, y vuelva a intentarlo.

Una vez que hayas contactado con alguien, sigue sus instrucciones para aterrizar.

Si nadie responde a su señal de socorro, tendrá que intentar aterrizar el avión sin guía. A continuación, una rápida descripción de los principales controles de un avión para orientarte.

Yema. Es el volante. Tiene el mismo efecto que en un coche, pero es mucho más sensible. También te permite controlar el cabeceo. Tire hacia atrás para subir y empuje hacia adelante para bajar.

Para volar de forma estable, mantenga el morro del avión a unos 8 cm (3 pulgadas) por debajo del horizonte y las alas uniformes.

Altímetro. Es el dial rojo del panel de instrumentos. Indica su altitud. La manecilla pequeña muestra su altura sobre el nivel del mar en incrementos de mil pies. La manecilla grande muestra lo mismo en centenas.

Brújula. El instrumento con un pequeño avión en él. La dirección a la que apunta el morro de este avión es a la que te diriges.

Velocímetro. El velocímetro de un avión suele medir la velocidad de los lugares en nudos. La velocidad de crucero es de 120 nudos. Por debajo de 70 nudos, puede entrar en pérdida.

· · ·

Acelerador. El acelerador controla el empuje. Tire de él hacia usted para reducir la velocidad del avión y descender. Aléjelo para acelerar el avión y ascender.

Indicador de combustible. Suele estar en la parte inferior del panel.

Tren de aterrizaje. Si el avión tiene un tren de aterrizaje retráctil, habrá otra palanca entre los asientos, cerca del acelerador. Tendrá forma de neumático.

Algunos aviones tienen un tren de aterrizaje fijo, por lo que no tendrán esta palanca.

Pedales de tierra. Utilice los pedales de tierra cuando esté en el suelo.

- Los superiores son los frenos.
- Los inferiores controlan la dirección de la rueda de morro.
- El pedal derecho moverá el avión hacia la derecha.
- La izquierda moverá el avión hacia la izquierda.

Para aterrizar el avión, primero encuentra el lugar más largo y suave que puedas para aterrizar. Utiliza la yema para dirigirte hacia él, y rodea el lugar si necesitas tiempo para aterrizar correctamente.

. . .

Cuando estés listo para aterrizar, reduce la velocidad a 90 nudos tirando hacia atrás del acelerador.

Deja que el morro descienda hasta unos 11 cm (4 pulgadas) por debajo del horizonte y luego despliega el tren de aterrizaje (si procede), a menos que vayas a aterrizar sobre el agua.

Si tienes suficiente combustible, sobrevuela para buscar obstáculos, y luego vuelve a dar vueltas para aterrizar. Date un amplio margen de maniobra.

Alinee la pista de aterrizaje para que esté justo al lado del extremo del ala derecha a 1.000 pies.

A medida que se acerque a la tierra, tire hacia atrás del acelerador. No deje que el morro caiga más de 15 cm (6 pulgadas) por debajo del horizonte.

Las ruedas traseras deben tocar primero, preferiblemente a unos 60 nudos (velocidad de pérdida). Tire del acelerador hasta el final, asegurándose de que el morro no desciende demasiado.

Tire suavemente de la yema cuando el avión toque el suelo.

· · ·

Utilice los pedales del suelo para dirigir y frenar.

Si se dirige a un obstáculo (por ejemplo, árboles), deje que las alas reciban el impacto.

Una vez que se haya detenido, tome a todo el mundo lo antes posible utilizando el procedimiento de salida de emergencia del avión.

Capítulos relacionados:

- Secuestro de aviones

TIROTEOS

En un escenario de tiroteo, tienes tres opciones: Correr, esconderse o luchar.

En cuanto oigas disparos, agáchate para ser un objetivo menos evidente. Identifica la dirección de las balas y la proximidad del tirador o tiradores para poder decidir qué hacer. Si decides moverte de inmediato, recuerda que las balas que rebotan se desplazan por superficies sólidas. Para mantenerte a salvo, deja un pequeño espacio cuando sigas las paredes, y ponte en cuclillas o gatea cuando te agaches.

Cualquiera que muestre las siguientes características puede ser un tirador:

- Actuar de forma nerviosa y/o sospechosa.
- Llevar camisas de manga larga o pantalones largos cuando hace calor.
- Que haga ajustes y/o compruebe la colocación del arma.
- Tiene una forma o un bulto inusual en su ropa que puedes identificar visualmente como un arma.

Huye del tirador si tienes distancia y cobertura para llegar. Cuando lo hagas:

- Gira en una esquina lo más rápido posible.
- Zigzaguea de cobertura en cobertura.
- No abandone su posición de cobertura hasta que conozca la siguiente.
- No pierdas de vista al tirador si es posible.

Cuando no puedas correr, escóndete, preferiblemente dentro de una habitación con pocos puntos de entrada.

- Bloquea y atrinchera todos los puntos de entrada, cierra las persianas/cortinas, apaga las luces y ponte detrás de la pieza de cobertura más alejada de los puntos de entrada.

- Ponga sus dispositivos en silencio y pida ayuda.
- Coloque algo en la ventana para que los rescatadores puedan identificar su ubicación, pero sólo si al hacerlo no delata su ubicación al tirador o tiradores.
- No abra la puerta a nadie que no pueda identificar con seguridad. El tirador o los tiradores pueden estar engañándote.

Luchar contra un tirador es el último recurso. Para hacerlo eficazmente, trabaje en equipo. Haz que una persona vaya a por el arma del tirador y la otra a por sus piernas. Utiliza las armas improvisadas que puedas.

Cuando haya un tirador fuera y tú estés dentro, asegura todos los puntos de entrada y escóndete dentro del edificio. Cerrar una puerta con un brazo de cierre:

- Toma un cinturón o algo similar.
- Envuélvelo firmemente alrededor del brazo cerrador en el punto más cercano a la puerta.
- Asegúralo con fuerza.

Cobertura frente a ocultación

· · ·

La ocultación es cualquier cosa entre tú y tu enemigo que te esconde de la vista, como un escritorio.

La cobertura también te ocultará de la vista, pero también detendrá las balas. Un pilón de hormigón es un ejemplo de cobertura. Cuanto más potente sea el arma (o la explosión), más gruesa deberá ser la cobertura.

La ocultación es mejor que nada, pero intenta siempre tomar una cubierta.

Cuando no seas la víctima principal, o en el caso de un tirador aleatorio, una rápida ocultación evitará que te conviertas en un objetivo. Sin embargo, es conveniente que te pongas al menos a cubierto para protegerte de las balas perdidas. Si es necesario, escóndete detrás de un neumático de coche o en una alcantarilla.

En el caso de que seas un objetivo, la cobertura es primordial.

DISTURBIOS

· · ·

La mejor manera de no verse involucrado en un disturbio es evitar las grandes multitudes, especialmente las reuniones políticas y las protestas.

Si estás fuera de casa y empieza un disturbio, toma y quédate dentro hasta que termine. Asegura todos los puntos de entrada y aléjate de las ventanas. Ponte en contacto con las autoridades para recibir instrucciones.

Salga si hay un incendio o los alborotadores penetran en el edificio. Si es posible, salga a una calle tranquila.

Si te ves envuelto en una revuelta, no te metas entre bandos opuestos, como los manifestantes y la policía.

Mézclate con la multitud y camina con ella mientras te diriges a una zona más segura, como:

- Los lados de la multitud.
- La parte trasera de un grupo de manifestantes pacíficos
- Los terrenos altos.
- Dentro o en la parte trasera de un edificio.

Evita:

- Las líneas del frente.

- Barreras.
- Las fuerzas del orden (estarán a la defensiva).
- Transporte público, especialmente bajo tierra.

Si te expones a los agentes antidisturbios, hazte una máscara improvisada y descontamínate lo antes posible, siguiendo los pasos del capítulo de Contaminación Biológica.

Cuando esté en un vehículo durante un disturbio, nunca conduzca hacia las multitudes o las líneas de policía. Evite las zonas de mucho tráfico y las carreteras principales, y no se detenga hasta que esté seguro. Si la gente le bloquea, toque el claxon y conduzca con cuidado a través o alrededor de ellos.

Sobrevivir a una estampida

No te precipites a la salida si estás en un estadio. Hacia allí se dirigirá la estampida.

Adopte una postura firme, mantenga los brazos en alto para protegerse y utilice un paso arrastrado para avanzar.

Rellena los huecos y sigue avanzando.

. . .

Si te caes y no puedes volver a levantarte, ponte de rodillas, agáchate y protégete la cabeza.

Capítulos relacionados:

- Incendios
- Contaminación biológica

3

Animales Peligrosos

Este capítulo trata de lo que hay que hacer en caso de ser atacado por unos pocos animales, pero los consejos que contiene pueden adaptarse a otros.

Como regla general, deja a los animales en paz. Mantente alejado de su territorio y de sus hijos. No los alimentes, antagonices o sorprendas.

Si ves a una cría sola, es probable que su madre esté cerca y sea protectora. Aléjate.

La mayoría de los animales tienen miedo al fuego y a los ruidos fuertes. Si utilizas estas cosas para asustarlos, asegúrate de darles una vía de escape. Los animales son especialmente peligrosos cuando se sienten amenazados o vulnerables.

Para protegerte de los animales más pequeños, mantén tus manos y pies fuera de los lugares que no puedes ver. Utiliza palos para voltear troncos, rocas y otras cosas en la naturaleza.

Si te encuentras con un animal grande, mantén la calma, quédate quieto y luego retrocede lentamente. No hagas ningún movimiento brusco. La mayoría de los animales grandes no tienen un buen radio de giro. Si uno de ellos te embiste, corre en zigzag y/o apártate en el último momento.

Subirse a un árbol para huir de un depredador es el último recurso. El animal puede esperarte.

Caimanes y cocodrilos

Los caimanes y los cocodrilos se encuentran en todo el mundo, en lagos, ríos, humedales y algunas zonas costeras. Son técnicamente diferentes, pero las medidas que debes tomar si te encuentras con uno son las mismas en ambos casos.

Cuando esté en su territorio, manténgase fuera del agua. Ni siquiera cuelgues tus extremidades por la borda de una embarcación o la orilla de un río.

Intentar atrapar a un caimán (o a un cocodrilo) no es nunca una buena idea, pero si tienes que hacerlo, espera a que el animal esté en tierra firme. Ponte de espaldas a él y fuerza su cabeza y sus mandíbulas hacia abajo ejerciendo presión sobre su cuello. Tápale los ojos para calmarlo.

Si te ataca, ve a por sus ojos y su nariz. Si te agarra de una extremidad, golpear su hocico puede hacer que abra la boca y te suelte.

Osos

Hay varias especies de osos, y viven en zonas silvestres de todo el mundo. Ocasionalmente, también pueden deambular por los suburbios en busca de comida.

Cuando estés en un área silvestre, lleva un espray para osos y un silbato, y no acampes donde haya huellas o excrementos de oso.

A los osos les atrae sobre todo la comida, así que no la dejes tirada cerca de donde piensas dormir. Si puedes, cuélgala fuera de su alcance. El olor de la comida es tan atractivo como la propia comida, así que no duermas con la misma ropa con la que cocinas.

· · ·

Si ves un oso, detente, guarda silencio y obsérvalo. Espera al menos 30 minutos después de que se pierda de vista antes de continuar. O bien, tome una ruta diferente y dé al oso un amplio margen. Haz ruido mientras recorres la nueva ruta.

Si estás en un coche, quédate en él y mantén las ventanas subidas.

Si el animal te ve, prepara tu spray para osos. No intentes correr, subirte a un árbol o incluso darle la espalda. En su lugar, camina lentamente hacia un lado para ponerte a salvo mientras lo observas.

Si el oso te ataca, devuélvele el golpe con lo que puedas y apunta a sus ojos y/o a su hocico.

Los osos negros son los menos propensos a atacar. Tomar una posición "grande" y hacer mucho ruido puede ahuyentarle.

Si te encuentras con un oso pardo, hazte el muerto.

Túmbate boca abajo y cruza las manos detrás del cuello. Si no deja de atacarte tras unos segundos, lucha por tu vida.

· · ·

Los osos polares cazarán a los humanos si tienen suficiente hambre. Lucha por tu vida.

Abejas

El paciente alérgico debe estar advertido sobre los riesgo que corre y entrenado en el manejo ante una posible picadura para actuar de forma rápida, pero también la labor de prevención es importante en individuos de riesgo (profesionales o aficionados a la apicultura, así como otras profesiones de riesgo) aunque nunca, hasta el momento, hayan presentado reacciones adversas, conociendo la posibilidad de estas reacciones y estando advertidos para saber reconocer los síntomas de forma rápida con el fin de instaurar precozmente el tratamiento adecuado.

Es importante para los pacientes alérgicos conocer todos los datos relativos al insecto causante de su alergia, saber reconocerlo y tener en cuenta algunas precauciones que pueden ayudar a reducir el riesgo. Se le indicará que en situaciones de riesgo debe ir acompañado por al menos una persona que conozca su situación y que esté adiestrada para administrarle la medicación en caso de presentar una reacción alérgica.

Tanto las abejas como las avispas pican sólo como defensa de ellas mismas o de sus nidos. La mayoría de las picaduras se producen entre los meses de mayo y septiembre siendo julio y agosto los meses con mayor incidencia de picaduras debido a las altas temperaturas que ponen en gran actividad a estos insectos.

Las abejas comunes son atraídas por la fragancia de las flores, los colores brillantes y la superficie de aguas tranquilas; teniendo esto presente para evitar los accidentes se debe procurar no usar ropa de colores vivos ni perfumes muy fuertes durante la época de mayor actividad.

Estos himenópteros se alimentan de zumos, savia, néctar y, en general, de líquidos azucarados. En estado larvario algunas avispas se alimentan de otros insectos para lo cual la progenitora usa su veneno para paralizar a la futura fuente alimenticia de la larva. Al inocular el veneno la avispa conserva el aguijón pudiendo así picar repetidas veces, cosa que no sucede con las abejas pues su aguijón posee escotaduras laterales que, a modo de garfios, se anclan al tejido de la víctima, perdiéndola junto con parte del sistema digestivo, por lo que la abeja sólo podrá picar una vez y morirá.

En el caso de no haber podido ver o identificar al insecto responsable de la picadura, se puede deducir que se trata de una abeja cuando el aguijón quede anclado en la piel.

· · ·

En este caso hay que retirarlo con cuidado pues se puede, involuntariamente, presionar el saco de veneno e inocular la totalidad de su contenido; en cualquier caso, cuando el aguijón se queda clavado en el tejido junto con parte del intestino de la abeja que ha escapado, la glándula del veneno continuará contrayéndose periódicamente hasta inocularlo todo, por eso es importante retirar el aguijón lo antes posible.

Si te pican, retira el aguijón lo antes posible rascando con la uña, una tarjeta de crédito o algo similar a través de él con un movimiento lateral.

Cuando una avispa pica libera una feromona que incita a otros miembros de la colonia a picar por lo que es aconsejable, en caso de picadura, alejarse lo más pronto posible del área del accidente para evitar un ataque masivo.

A menos que seas alérgico, las abejas no suelen ser un problema. Como con la mayoría de los animales, si las dejas en paz, te dejarán en paz, como ya habíamos mencionado.

Sin embargo, si molestas accidentalmente una colmena, pueden enjambrar. Esto es peligroso incluso si no tienes alergia.

· · ·

En ese caso, no intentes aplastarlas. En su lugar, corra hacia el interior. Cuando esté en la naturaleza, corra entre los arbustos o la maleza alta para cubrirse. Sumergirse en el agua puede ayudar, pero las abejas pueden esperar a que salga a la superficie.

La mayoría de las especies le perseguirán hasta 50 metros, pero algunas pueden llegar hasta 150 metros.

Aquí hay unos consejos más concretados sobre este tema:

- No se acerque a panales de abejas ni a nidos de avispas. Si accidentalmente se acerca, retírese con movimientos lentos.
- Si una abeja o avispa se posa sobre alguna parte de su anatomía no intente matarla ni espantarla; permanezca quieto o haga sólo movimientos lentos hasta que se aleje.
- Durante la época de calor, si bebe algún líquido azucarado, compruebe que no hay abejas o avispas en los bordes del recipiente.
- No manipule frutas y en general comidas al aire libre. No se acerque a los cubos de basura en la calle.
- Si deja ropa en el suelo sacúdala antes de ponérsela, pues puede haber alguna avispa entre sus pliegues.
- Evite caminar descalzo, así como hacerlo por

huertos en floración, campos de trébol o cualquier área con abundantes flores.

- Durante la época de actividad (mayo a septiembre) use ropa de colores poco llamativos y no use perfumes ni sprays para el cabello cuando salga al campo.
- No pode árboles ni siegue césped o setos durante la época de actividad.
- Las colisiones con estos insectos pueden causar picaduras; por lo tanto, evite correr o montar a caballo, en bicicleta o en moto en áreas en que haya abundancia de flores. Un coche descapotable con el techo bajado es especialmente peligroso.
- Dentro de recintos cerrados mantenga una red para atrapar cualquier insecto volador que penetre; también es útil tener un insecticida para matarlos (en la guantera del coche puede ser muy útil).
- Advierta a los niños de no tirar piedras o ramas a los nidos de los insectos.

Estas medidas son de escasa utilidad en apicultores, ya que por su profesión el contacto con las abejas es inevitable.

Por tanto, la recomendación más importante que podemos darles es la de no acudir nunca solos a las colmenas y si se le ha prescrito, llevar consigo el auto inyector de adrenalina.

· · ·

Jabalíes

Antes de nada, podemos considerar hacer un poco de ruido para espantarlos, siempre que estén lejos. Hay que recalcar el hecho de que depende de la distancia a la que se encuentren. Debemos recordar que ellos intentan huir si ven peligro y lo pueden evitar. Pero en el caso de que estén cerca, debemos evitar hacer movimientos o ruidos bruscos, ya que lo podrían interpretar como una amenaza directa y enfrentarse a nosotros.

Aunque parece lógico, no hay que acercarse más. No se trata de mascotas, sino de animales que viven en un entorno natural y, por tanto, nos pueden ver como una amenaza directa si nos acercamos. Además, en el caso de encontrarnos con ellos, tenemos que intentar esconder la comida para no facilitar que se acerquen de forma agresiva robarlo.

Con estas medidas seguramente no tendremos ningún problema en el caso que nos topamos con jabalíes. Siempre será mejor mantener la calma y evitar hacer ruidos o movimientos bruscos, pero en un caso dado y si se encuentran a una gran distancia, intentar asustarlos podrá evitar que se nos acerquen más.

Los jabalíes son extremadamente duros.

· · ·

No es probable que carguen, como ya lo habíamos mencionado, pero si lo hacen es más probable que sea al anochecer, al amanecer y en invierno.

No intentes huir de un jabalí. Súbete a un árbol o a unas rocas. Si esto no es posible, utiliza los pasos laterales de última hora.

Para matar a un jabalí, dispara o apuñala en los siguientes puntos débiles

- Su cara.
- Entre los omóplatos.
- El vientre.
- Justo debajo de las patas delanteras.

Toros

Un toro es una vaca macho no castrada. Puede ser agresivo con los humanos. Los toros son una parte muy importante de la producción, principalmente en aquellas granjas que no pueden disponer de servicios de inseminación asistida. Sin embargo, son animales peligrosos y que requieren de un manejo cuidadoso

· · ·

Incluso los machos más tranquilos pueden ser potencialmente mortales.

El temperamento de un toro cambia según su maduración, cuando son muy jóvenes pueden ser juguetones, pero conforme pasa el tiempo (2 a 3 años) ese juego se convierte en agresión territorial. El personal que trabaje con ellos debe tener en cuenta el peligro que representan en todo momento.

Desde su nacimiento, un toro debe acostumbrarse a la presencia del personal. Con un buen manejo, el macho asociará al trabajador con cosas positivas, como alimento, ejercicio y cuidado general. Muchos expertos recomiendan que aquellos que representen un peligro constante deben ser sacados del sistema.

Siempre se debe tener el equipamiento apropiado para sacar al toro de su corral; cadenas, sogas y postes en buenas condiciones. Procurar contar con ayuda, nunca hacerlo solo.

El toro a campo abierto:

- El riesgo de accidentes y ataques aumenta considerablemente con animales a campo en temporada reproductiva.

- Colocar carteles de advertencia en las zonas donde el macho se encuentre libre.

¿Qué hacer cuando uno es acorralado por un toro?

Cuando uno es acorralado no debe hacer movimientos súbitos, los expertos recomiendan moverse de forma tranquila pero veloz, no debe estimularse el instinto de lucha ni de persecución del animal.

Si no hay lugar donde escapar, la mejor opción es moverse hacia un costado, para salir de su rango de visión. Cuando un toro le mire fijamente, quédese quieto, no se mueva y busque una vía de escape.

Recuerde ser responsable en su manejo, ya que todos los animales pueden ser impredecibles.

Si empieza a embestir, corra para ponerse a salvo. En caso de que se acerque demasiado, quítese una prenda de vestir y agítela a un lado para distraerlo. Quédate quieto mientras embiste, y luego lanza la ropa lejos de ti. Con suerte, el toro se dirigirá hacia ella. Corre hacia un lugar seguro.

· · ·

Animales de manada

Las especies de animales que habitualmente permanecen en grandes grupos sociales son animales de manada. Pueden ser salvajes o domésticos. Algunos ejemplos comunes son las vacas, las ovejas, los caballos y las cebras.

Los animales de rebaño no suelen ser peligrosos, pero una estampida puede poner en peligro tu vida si te ves atrapado en ella. En ese caso, determina hacia dónde se dirige el rebaño y apártate de su camino. Si no puedes hacerlo, corre junto a ella. No te acuestes. Los caballos pueden correr a su alrededor, pero la mayoría de los demás animales de la manada no lo harán.

Leones de montaña

El león de montaña es una especie de felino de gran tamaño originario de América. También se le conoce con los nombres de puma, pantera y gato montés.

Los leones de montaña son más activos al anochecer y al amanecer, y es más probable que ataquen a individuos que a grupos de personas.

. . .

No huya de un puma. En su lugar, haz ruido y retrocede lentamente mientras agitas las manos en el aire. Hágase más grande poniéndose de pie, abriendo su abrigo, poniendo a un niño sobre sus hombros, etc. Si el puma sigue acercándose o rodeándote, lánzale piedras.

Para luchar contra un puma, protégete el cuello y la garganta, y golpéalo alrededor de los ojos y la boca.

Otras recomendaciones pueden ser:

- No se acerque al animal. Los leones de montaña evitan la confrontación. Denles espacio para huir.
- No corra. Correr estimula el instinto de cazar. Vea al animal y haga contacto visual. Si tiene niños, cárguelos para que no salgan corriendo.
- Si lo ataca, ataque de regreso contra el león de montaña. Puede usar piedras, palos, ramas, lo que sea. Trate de mantenerse de pie, ya que lo que estos animales usualmente muerden es el cuello o la cabeza.

Tiburones

· · ·

Hay muchas especies de tiburones, y algunas de ellas se encuentran entre los mayores peces depredadores del mar.

Los tiburones no suelen comerse a los humanos, pero pueden "probar" si sienten curiosidad. Por desgracia, incluso un pequeño mordisco de un tiburón pone en peligro su vida.

Es más probable que ataquen durante las horas del crepúsculo y en la oscuridad.

Los objetos que atraen a los tiburones son:

- Los fluidos corporales, como la sangre y la orina.
- Colores brillantes.
- Los bancos de peces.
- Objetos brillantes (así que quítese las joyas en el océano).
- Basura.
- Siluetas que se asemejan a una presa, como las de los practicantes de bodyboard.

Cuando un tiburón se acerca o te rodea, es señal de que va a atacar. Mete la cabeza debajo del agua y grita para intentar ahuyentarlo. Si eso no funciona, golpéalo con lo que tengas. Utiliza el talón de la palma de la mano si no tienes nada más. Apunta a sus ojos, branquias y nariz.

· · ·

Los tiburones son más propensos a atacar a individuos, así que, si estás en un grupo, júntate y mira hacia afuera.

Serpientes

La mayoría de las serpientes huyen de los humanos, pero pueden atacar si se ven amenazadas. Cuando veas una serpiente, quédate quieto y retrocede. Deja mucho espacio para que pueda escapar. Si una pitón trata de constreñirte, intenta desenvolverla por la cabeza.

Si te muerde una serpiente venenosa, llama inmediatamente al 911 o al número local de emergencias, especialmente si la zona mordida cambia de color, comienza a hincharse o duele. Muchas salas de emergencia tienen antídotos que pueden ayudarte.

De ser posible, sigue los siguientes pasos mientras esperas que llegue la ayuda médica:

- Aléjate del radio de ataque de la serpiente.
- Quédate quieto y mantén la calma para ayudar a disminuir la propagación del veneno.
- Quítate las joyas y la ropa ajustada antes de que comiences a hincharte.
- Colócate, si es posible, de manera tal que la

mordedura esté a la altura del corazón o por debajo.

- Limpia la herida con agua y jabón. Cúbrela con un apósito limpio y seco.

Precauciones:

- No uses torniquetes ni apliques hielo.
- No hagas cortes en la herida ni intentes extraer el veneno.
- No tomes cafeína o alcohol, ya que esto podría acelerar la absorción del veneno en tu cuerpo.
- No intentes atrapar la serpiente. Trata de recordar su color y forma para que puedas describirla; será útil para tu tratamiento. Si tienes un teléfono contigo y esto no demora el momento de buscar ayuda, toma una foto de la serpiente desde una distancia segura para que sea más fácil identificarla.

La mayoría de las mordeduras de serpiente son en las extremidades. Los síntomas típicos de la mordedura de una serpiente no venenosa son dolor y arañazos en el lugar.

Por lo general, después de una mordedura de una serpiente venenosa, se presenta un dolor intenso y ardiente en el sitio en un lapso de 15 a 30 minutos. Esto puede evolucionar y causar hinchazón y moretones en la herida y en todo el brazo o la pierna.

. . .

Otros signos y síntomas incluyen náuseas, dificultad para respirar y una sensación general de debilidad, así como un sabor extraño en la boca.

99

Algunas serpientes, como las serpientes de coral, tienen toxinas que causan síntomas neurológicos, como hormigueo en la piel, dificultad para hablar y debilidad.

Algunas veces, una serpiente venenosa puede morder sin inyectar veneno. El resultado de estas "picaduras secas" es una irritación en el sitio.

4

Preparándose

ALMACENAMIENTO

El almacenamiento es un concepto importante en la preparación, y es la forma más fácil de superar un escenario de colapso temporal. En este capítulo se tratan algunos factores comunes relacionados con el almacenamiento, algunos de los cuales se aplican a la preparación en general. En los capítulos siguientes de este libro se tratará el almacenamiento para cada escenario de preparación con más detalle.

Qué almacenar

Almacena todo lo que necesites para vivir, y algunas cosas que no necesites.

. . .

Otros capítulos de esta sección entran en detalle sobre qué y cómo almacenar. Cubren la comida, el agua, la energía (combustible, baterías, etc.), la salud, la higiene y más.

Almacena las cosas que usas normalmente, especialmente los productos perecederos, cuando sea posible hacerlo. Cuando haga una reserva, no olvide las necesidades especiales de otros miembros de su familia, incluidos los bebés, las mascotas, los ancianos y las personas discapacitadas.

Siempre es una buena idea guardar un poco de dinero en efectivo en caso de que se caiga la red eléctrica. En situaciones de larga duración, puede resultar inútil, pero a corto plazo será útil para comprar suministros de emergencia si las tarjetas de crédito y los cajeros automáticos dejan de funcionar.

Dónde almacenar sus existencias

Para los que tienen propiedades más grandes, esto no será un gran problema.

Si tienes una vivienda más pequeña, tendrás que tomar un poco más de creatividad, pero te sorprenderá la cantidad de "espacio muerto" que hay debajo de las camas y dentro de los armarios. También puedes crear estanterías para aprovechar el espacio de las paredes.

Además del espacio, hay que tener en cuenta otros aspectos, como la vida útil y el acceso. Necesitarás almacenar algunas cosas en determinadas condiciones. También tendrás que facilitar el acceso a los productos perecederos para poder rotarlos cuando sea necesario.

Por último, tendrás que esconder algunas (o la mayoría) de tus existencias, por si el gobierno o los saqueadores quieren llevárselas. Deja algunas mal escondidas como señuelos, y mantén más escondites secretos dentro y/o fuera de tu propiedad. También puedes crear habitaciones secretas, esconder cosas en las paredes, etc.

Es una buena idea almacenar cosas similares juntas para organizarlas. Si tienes muchas zonas diferentes, lleva una lista de dónde pones cada cosa.

Por ejemplo, puedes poner los alimentos enlatados en la despensa de la cocina, y las pilas de repuesto y el material de iluminación debajo de la cama.

No lleves un registro de las existencias ocultas.

· · ·

Cuando empezar a almacenar

¡Ya!

Empieza a acumular tus provisiones ahora. Hazlo poco a poco y, antes de que te des cuenta, tendrás lo suficiente para aguantar un escenario de mini-colapso, por ejemplo, unas semanas después de un desastre natural.

Si observas signos de desastre y/o colapso a largo plazo, aumenta tus reservas con el almacenamiento de emergencia (explicado más adelante en este capítulo). Los signos de varias catástrofes se tratan en la parte 1 de este libro. Los signos de colapso a largo plazo incluyen el aumento de:

- Violencia.
- La delincuencia.
- Presencia policial.
- Propaganda.
- Problemas económicos.
- Precios.

Y disminución de:

- Recursos disponibles.
- Los derechos de los ciudadanos.

Toma pequeños bocados

La preparación es un tema enorme, y el concepto de acumular tanto es abrumador, pero no dejes que eso te impida empezar.

Como con todos los grandes objetivos, la mejor manera de abordarlo es dividirlo en trozos más pequeños. Aquí tienes algunos consejos:

Prepárate para lo que es más probable que ocurra en tu zona.

Haz un poco de forma regular en lugar de mucho de una vez. Por ejemplo, compra 10 dólares de comida extra a la semana en lugar de tres meses de un solo golpe.

Utiliza la regla de tres para decidir para cuánto tiempo quieres prepararte:

- Tres días para empezar. Probablemente tienes alrededor de una semana en este momento.
- Tres semanas está bien. En la mayoría de los casos de desastre, la infraestructura básica se restablecerá en tres semanas.
- Tres meses es lo ideal. En una situación a largo

plazo, tres meses te dan tiempo para averiguar cómo ser autosuficiente.

- Tres años o más si eres un preparador empedernido. Cuanto más tiempo esté preparado, mejor.

Escribe una lista de lo que necesitas tomar para el periodo de tiempo para el que te estás preparando, y acumula suministros en cada área de manera uniforme. Esto evitará que te abastezcas en exceso en una sola área. Tener un suministro de baterías para un año, por ejemplo, está muy bien, pero no si sólo tienes comida para una semana.

Rotación

La rotación evitará que las existencias de productos perecederos se estropeen. Los alimentos son la principal preocupación, pero esta práctica también se aplica a los medicamentos, el combustible, las pilas, etc.

Utiliza el concepto "primero en entrar, primero en salir". Esto significa que lo que hayas comprado hace más tiempo tomará su lugar y será sustituido por lo último que compres.

Esto también te obligará a almacenar cosas que realmente uses, que es lo que quieres.

. . .

Almacenamiento de emergencia y búsqueda

Cuando notes que se acercan señales de colapso o un desastre natural, debes aumentar tus provisiones. Cuanto antes lo hagas, mejor. Quieres adelantarte a las multitudes, tanto por seguridad como para poder tomar lo que necesitas antes de que se agoten las cosas.

Tus objetivos principales son:

- Alimentos de larga duración.
- Baterías.
- Agua potable.
- Suministros de salud e higiene.
- Encendedores/partidos.

También querrás estar atento a estas cosas después del colapso inicial.

A continuación, concéntrese en los suministros y herramientas de mantenimiento pesado que no necesitan electricidad para ser utilizados (comience a almacenar estos de antemano también). Estas son cosas como:

- Un hacha.
- Tijeras de jardinería.
- Un taladro de mano.
- Una sierra de mano y caballetes.

- Un martillo y clavos para enmarcar.
- Un destornillador y tornillos de acero galvanizado de tres pulgadas para cubiertas.
- Una pistola de grapas y grapas de media pulgada.
- Lonas (de 10 mm de grosor, de 10 x 12 pulgadas y de 6 x 8 pulgadas, con ojales resistentes).
- Láminas de plástico.
- Madera contrachapada (3/4 de pulgada de grosor).
- Abrazaderas rápidas.
- Escalera (lo suficientemente alta para llegar al tejado).
- Cinta adhesiva y cinta aislante.
- Pegamento Gorilla, clavos líquidos y una pistola de calafateo.
- Aceite 3 en 1/WD40.
- Cuerda y cordaje (paracord 550 mil-spec).
- Equipo de protección personal (guantes, gafas de seguridad, etc.).

Dirígete a los siguientes lugares (elige los más cercanos a tu casa) para comprar o encontrar tus reservas de emergencia:

- Almacenes.
- Almacenes.
- Zonas de distribución e industriales.
- Clínicas médicas no obvias, como clínicas de cirugía plástica, clínicas oftalmológicas, consultas de dentistas y clínicas veterinarias.

- Restaurantes y paradas de comida rápida.
- Talleres de reparación de automóviles y camiones.
- Talleres de reparación (televisión, aspiradora, informática).
- Complejos de entretenimiento (cines, pistas de patinaje, estadios, etc.).
- Centros comerciales.
- Cobertizos de mantenimiento.
- Casas de suministros agrícolas/ganaderos.
- Casas abandonadas.

Evitar:

- Los grandes almacenes (por ejemplo, Costco).
- Supercentros (por ejemplo, Walmart).
- Tiendas familiares que no estén abandonadas.
- Armerías.
- Bases e instalaciones gubernamentales.
- Armerías.
- Hospitales.
- Lugares con seguridad armada.
- Cualquier lugar donde haya grandes multitudes.

En general, evite los lugares donde la gente tenga armas.

Compre lo que necesite en las primeras etapas del colapso.

· · ·

Una vez que la respuesta de la policía sea ineficaz, tendrás que recurrir a la búsqueda de comida. Rebuscar no es lo mismo que robar. Coge lo que otros han dejado atrás, pero no cojas las residencias privadas cuyos propietarios aún viven en ellas.

También habrá otras personas rebuscando, y puede que intenten robarte. Toma las precauciones de seguridad necesarias. Por ejemplo, trabaja en grupos, con seguridad designada.

Conservación

Incluso si esperas que el escenario de colapso sea de corta duración o que termine pronto, debes comenzar y continuar conservando (racionando) tus suministros. Nunca se sabe cuánto durará una mala situación, independientemente de lo que le digan los demás.

En primer lugar, intenta tomar lo que puedas por otros métodos (rebuscar, buscar comida, etc.) y utiliza tus reservas para complementar lo que encuentres.

Utiliza embudos para evitar que se derramen los líquidos.

· · ·

Etiquétalos por uso y mantenlos separados para evitar la contaminación cruzada. No querrás usar accidentalmente tu embudo de queroseno para el agua, por ejemplo.

Autosuficiencia

Por mucho que hagas acopio, tus recursos acabarán agotándose. Si quieres sobrevivir en un escenario de colapso a largo plazo, tendrás que ser autosuficiente. Con suerte, tus reservas serán lo suficientemente grandes como para aguantar hasta que puedas hacerlo.

Pero no necesitas (ni deberías) esperar a un colapso para empezar. Los capítulos siguientes te darán ideas sobre cómo trabajar hacia la autosostenibilidad.

Capítulos relacionados:

- Cachés
- Seguridad

ENTRADA/SALIDA DE EMERGENCIA Y PUNTOS DE ENCUENTRO

. . .

La entrada en el refugio consiste en tomar la casa y esperar a que pase la catástrofe. El refugio es la evacuación. Es necesario tener planes para ambas cosas y establecer directrices sobre cuándo utilizar cada una de ellas.

Para la mayoría de las familias, el plan por defecto será entrar en casa. Una vez que todo el mundo se encuentre en su sitio, puedes analizar la situación y decidir si te quedas o te vas.

También es necesario establecer puntos de reunión para tener lugares alternativos donde reunirse si es necesario salir sin ir a casa primero.

Crea un conjunto de palabras clave de texto para la familia en caso de emergencia para que todos sepan en qué punto de reunión deben reunirse. Haz que sean fáciles de memorizar y no le digas a nadie más cuáles son. También puedes utilizar estas palabras clave por teléfono, pero es más probable que los mensajes de texto se transmitan en una situación de bloqueo.

También es una buena idea dejar algún tipo de señal delante o cerca de tu casa por si el mensaje no llega y alguien vuelve. De este modo, sabrán dónde encontrarte sin tener que entrar en la casa.

· · ·

Entorno de seguridad

Planifica varias rutas para ir desde los lugares que frecuentas -como la escuela/el trabajo, los lugares de reunión favoritos (centro comercial, bolera, gimnasio, etc.) y el supermercado local- hasta tu casa.

Para cada ruta, calcula la forma más segura (que no es necesariamente la más rápida) de llegar a casa en coche, en transporte público y a pie.

Si tu plan es refugiarte y quedarte allí (durante una revuelta, por ejemplo), no salgas de casa a menos que sea absolutamente necesario. Nueve de cada diez veces, es más seguro defender tu casa que protegerte en la calle.

Salir de casa

Cuando quedarse dentro de casa (o permanecer dentro) es demasiado peligroso, tendrás que salir.

En primer lugar, tienes que designar un lugar de refugio. El lugar exacto dependerá de tus recursos y de dónde vivas.

· · ·

Puede ser una casa de vacaciones en otro estado, una fábrica abandonada al otro lado de la ciudad, la casa de un familiar, un motel, un camping, etc. Como norma general, evita los campos de refugiados, los refugios públicos o intentar sobrevivir en la naturaleza.

También es una buena idea tener al menos dos lugares de refugio: uno cerca de casa (a un día de caminata/conducción corta), y otro más alejado.

Independientemente del lugar que elijas, debe ser seguro y estar abastecido con provisiones para al menos unos días, y preferiblemente para varias semanas. De la misma manera que lo harías al entrar en un bicho, necesitas planificar varias rutas desde tu casa y otros lugares visitados con frecuencia hasta ese lugar.

Cuando salgas de tu casa, cierra los servicios (agua, gas, electricidad) y sal a primera hora de la mañana (1-5am). Es la hora más segura y con menos tráfico. Sea discreto en su salida, y mantenga la radio encendida a bajo volumen, para poder tomar las actualizaciones y evitar las zonas problemáticas.

Puntos de encuentro

. . .

Un punto de encuentro es cualquier lugar en el que te hayas reunido. Los puntos de reunión por defecto son lugares como tu casa o lugares de refugio. Los buenos puntos de reunión secundarios son lugares seguros (centros comerciales, gasolineras, comisarías, etc.) a los que es relativamente fácil llegar desde los lugares que usted y su familia frecuentan. También pueden ser lugares en los que hayas escondido cachés.

Es una buena idea esconder escondites de bajo riesgo en tus puntos de reunión secundarios. Estos escondites deben contener comida, agua, linternas, poncho, cerillas, etc. Evita incluir cualquier cosa cara o peligrosa, para que, si se encuentra un caché, no sea un gran problema. Revisa estos pequeños escondites una vez al mes.

Por último, tenga un plan para reunirse en los puntos de encuentro si se separan. Por ejemplo, puedes dar instrucciones a los miembros de la familia para que esperen en un punto determinado durante un máximo de 60 minutos al atardecer, y dejar un marcador que demuestre que han estado allí.

También puedes (y debes) establecer puntos de reunión temporales por si la gente se pierde o se separa cuando está fuera de casa (por ejemplo, cuando están en el centro comercial o de viaje).

· · ·

En los lugares que frecuenta, como el supermercado local, haga que el punto de reunión sea siempre el mismo.

Cuando estés de viaje, un punto de referencia prominente funciona bien, ya que tomar las direcciones allí será más fácil. Asegúrese de especificar exactamente el lugar y visítelo si es posible. Por ejemplo, instruye a los miembros de tu familia para que se reúnan en la fuente de agua de la plaza del pueblo, en el lado que da al Ayuntamiento.

Creación de rutas

Puedes crear y guardar rutas hacia y desde los lugares de entrada y salida de los bichos utilizando Google Maps, y/o con un lápiz sobre un callejero estándar. Crea rutas que eviten las zonas peligrosas y de alto tráfico (personas, embudos, bloqueos, zonas de alta criminalidad, carreteras principales, rutas de evacuación de la ciudad, etc.) sin desviarse demasiado del camino.

Una vez que tengas al menos tres rutas alternativas, tienes que priorizarlas y etiquetarlas. Por ejemplo, podrías llamar a una "ruta 1 del colegio a casa (SH1)". Esto permitirá una comunicación fácil (y encubierta) sobre el camino que planeas seguir, así como facilitar que las personas se encuentren en caso de necesidad.

. . .

Memoriza las rutas y practica conduciendo, caminando y tomando el transporte público a lo largo de ellas durante el día y la noche (si es seguro hacerlo). Toma nota de todo lo que sea útil, como la duración de cada una, los lugares útiles en el camino (comida, agua, refugio, etc.), los barrios poco seguros por los que pasa, etc.

Mantente al día de todos los lugares y acontecimientos importantes de la zona, y ajusta tus planes según sea necesario. Por ejemplo, anota las nuevas obras de carretera, las obras de construcción, los hospitales, las farmacias, los departamentos de policía o las fuentes de agua.

Capítulos relacionados:

- Antidisturbios
- Cachés

BOLSAS DE EMERGENCIA (BOBS)

Una bolsa de emergencia (BOB) es una bolsa de suministros que se puede coger rápidamente cuando se necesita. Es básicamente un kit de supervivencia con provisiones para al menos varios días. Debe tener la capacidad de proporcionarle agua, comida, refugio/calor, fuego, rescate, salud y seguridad.

Muchos de los artículos que contenga serán de carácter general, pero cuando lo empaques, también deberás tener en cuenta los acontecimientos probables en tu zona. De este modo, no importa cuál sea la emergencia, puedes coger tu BOB (si es seguro hacerlo) y salir de allí.

Todos los miembros de la familia, incluidas las mascotas, deberían tener su propio botiquín y guardarlo en un lugar de fácil acceso en caso de emergencia. Debajo de la cama o junto a la mesita de noche son buenas opciones.

Asigne la responsabilidad de los animales domésticos, los niños, etc., y de sus mochilas. Hágalo ahora, para que no haya confusión cuando surja una emergencia.

Qué poner en su BOB

El contenido exacto de su bolsa dependerá de lo que se sienta cómodo utilizando y de los eventos que considere más probables. También puedes añadir algunos artículos personales y/o de confort si tienes espacio y tolerancia de peso (puede que tengas que llevarla todo el día, todos los días). La bolsa en sí debe ser cómoda y resistente.

Una vez que haya armado su BOB, asegúrese de rotar los artículos perecederos cada cierto mes.

Esta es una lista de artículos que debe considerar incluir en su BOB:

- Dinero en efectivo (billetes pequeños).
- Cuchillo (de acero).
- Multiherramienta.
- Un litro de agua (como mínimo).
- Filtro de agua (portátil/de estilo excursionista).
- Alimentos (de larga duración y listos para comer; piensa en barritas energéticas, mezcla de frutos secos, multivitaminas y mezclas de electrolitos).
- Un juego de ropa de repuesto.
- Manta de emergencia.
- Poncho (lo mejor es el blanco transparente).
- Mecheros.
- Varilla de hierro.
- Linterna (faro).
- Silbato.
- Radio de onda corta con AM/FM (a pilas y compacta).
- Pilas.
- Teléfono móvil con GPS (con tarjeta SIM y cargador; lo ideal es un teléfono barato de los llamados "burner").
- Mapas.
- Brújula.
- Botiquín de primeros auxilios (con antibióticos).
- Artículos de aseo (esenciales).
- Kit de costura.
- Cinta adhesiva.
- Paracord (5m).

- Arma y munición (si es legal).
- Cuaderno y bolígrafos/lápices.
- Bolsas de plástico.
- Fotocopias de documentos importantes.
- Gafas de natación.
- Máscara P100 con respiradero.
- Artículos para necesidades especiales.

Para los bebés:

- Alimentos/ fórmulas.
- Agua.
- Ropa.
- Juguetes y mantas de confort.

Para las mascotas:

- Comida.
- Agua.
- Correa.
- Juguete.

Es una buena idea tomar una jaula para tu mascota y entrenarla para que duerma en ella. De este modo, le resultará cómodo permanecer en ella cuando tenga que salir deprisa. Mantenga su mochila en la parte superior de la jaula.

CACHES

. . .

Un caché es un almacén oculto de suministros.

Puedes tener cachés en tu casa, en puntos de reunión, a lo largo de tus rutas hacia los lugares de salida, o en cualquier otro lugar que creas que tiene sentido.

También puedes tener diferentes cachés para diferentes cosas, ya sea para separar artículos o para empacarlos para escenarios específicos.

Contenedores

El contenedor que elijas para tu caché debe proteger los artículos que vas a almacenar. Debe ser impermeable, hermético y resistente a la corrosión. Otras características a tener en cuenta dependen de la facilidad de acceso que necesite y del lugar donde vaya a esconderlo. Por ejemplo, ¿es adecuado enterrarlo?

Una tubería de PVC con extremos sellados es una opción popular, ya que es duradera, barata y fácil de impermeabilizar, pero cualquier otra caja duradera funcionará siempre que la selles adecuadamente. Si tiene un revestimiento de goma, eso te facilitará el trabajo. Pruebe los sellos sumergiendo el caché en agua caliente y buscando burbujas.

. . .

Protección adicional

Impermeabiliza los objetos individuales antes de ponerlos en el caché impermeable. Puede utilizar bolsas de basura resistentes, sellado al vacío, láminas de plástico y cinta adhesiva, etc. Antes de sellar los objetos, añada desecantes y elimine todo el aire que pueda.

La adición de desecantes absorberá la humedad adicional. Los paquetes de gel de sílice son comunes y baratos. Utilice 5g por cada 3,5L (1gal) de espacio. En caso de duda, añada más.

Hay muchas otras opciones de desecantes, que pueden o no funcionar tan bien. Entre ellos están el arroz, la sal, las zeolitas, el sulfato de calcio y la arena para gatos.

Cómo ocultar el alijo

Un factor importante a la hora de decidir dónde esconder el alijo es la accesibilidad. Tienes que poder acceder a él en caso de emergencia, así como para su mantenimiento.

Otro factor es la ocultación. Coloca el caché en un lugar que no sea obvio, pero que sea fácil de reubicar.

Enterrar el escondite es una buena opción, especialmente si está fuera de tu propiedad. Si necesita un acceso semirregular, considere la posibilidad de enterrarlo a poca profundidad; por ejemplo, colóquelo en una pequeña depresión bajo una roca grande.

Si el caché está en su propiedad, puede esconderlo en las paredes o en el techo.

Otras opciones son esconderlo en tu lugar de trabajo, en un contenedor de almacenamiento, en un apartado de correos, en un tejado o incluso bajo el agua (si tienes un barco amarrado en el puerto local, por ejemplo).

Algunos lugares que debes evitar son:

- La propiedad privada que no es tuya (a menos que estés pagando por ella, en cuyo caso, mantén el anonimato si es posible y nunca dejes de pagar).
- Lugares poblados (parques, playas, vías de acceso de vehículos).
- Edificios abandonados.
- Cualquier lugar con cámaras de seguridad.
- Lugares que puedan ser urbanizados en el futuro (fuera de las zonas urbanas).

La forma de almacenar tu caché también determinará su ubicación. Por ejemplo, si lo vas a enterrar, deberás evitar elegir un terreno que contenga obstáculos, como rocas, grandes raíces de árboles o tuberías.

También querrás evitar terrenos con mucha humedad o propensos a la escorrentía de la lluvia. En general, no lo entierres en terrenos bajos.

Elijas lo que elijas, deberás explorar el lugar antes de colocar el escondite. Decide primero una posible zona desde casa utilizando Google Maps/Earth. A continuación, sal a evaluar la zona. Comprueba exactamente dónde crees que vas a esconder o enterrar tu caché, así como la seguridad de la zona.

Tendrás que tomar el caché y las herramientas y tener tiempo suficiente para esconderlo (o enterrarlo) sin que nadie te vea. También hay que vigilar la zona en diferentes momentos, en caso de que haya un cambio en el nivel de actividad en los fines de semana frente a los días laborables, o en la noche frente al día.

Una vez que tengas una ubicación exacta, tienes que recordar dónde está. Tal vez puedas recordarlo sin una indicación, pero yo no me fiaría sólo de eso a menos que tengas una fotografía memoria.

Las cosas (especialmente tus recuerdos) cambian con el tiempo. Una mejor idea es escribir instrucciones no específicas que entiendas, pero que sean inútiles para los demás. Otras opciones son almacenar la ubicación en tu GPS, registrar las referencias de la cuadrícula en un mapa y/o incluir un pequeño rastreador Bluetooth en el caché.

Mantener el secreto

No tiene sentido ocultar un caché si otras personas lo conocen. De hecho, no le digas a nadie que piensas hacerlo. Si vives en una zona rural donde se corre la voz con facilidad, compra los suministros en otra ciudad.

Cuando se esconda físicamente (o acceda) a su alijo, debe ser lo más disimulado posible. Hazlo al anochecer o al amanecer de un domingo o lunes, y usa guantes para que no queden huellas dactilares. Utiliza una linterna sólo si es necesario, y asegúrate de que sea roja o azul (nunca uses luz blanca). Asegúrate de no dejar señales de tu presencia. Esto significa aparcar el coche fuera del camino y entrar a pie sin dejar un rastro evidente. A no ser que vayas a enterrar tu caché, también tienes que considerar formas de camuflarlo.

Asegúrate de que ningún dispositivo GPS (teléfonos, coches, etc.) registre por dónde vas y ten una tapadera por si viene alguien.

Por ejemplo, digamos que estás haciendo un proyecto de cápsula del tiempo o buscando un tesoro con un detector de metales. Lleva equipo para confirmar tu tapadera y asegúrate de que tienes comida y agua.

Si necesitas acceder a tu caché, toma las mismas precauciones. Utiliza siempre un camino diferente de entrada y salida (para evitar hacer senderos) y minimiza el acceso al mismo. Cuanto más a menudo accedas a tu caché, menos seguro será. Para mejorar la seguridad, también puedes crear señuelos y/o despistes enterrando una capa de basura por encima del caché.

Suministros para el coche

Puedes almacenar suministros adicionales en tu coche.

Guárdalos en el maletero por seguridad, excepto los dos últimos artículos, que necesitarás tener a mano en caso de emergencia.

- Mantas.
- Comida adicional, agua, linternas y baterías.
- Combustible.
- Suministros de recuperación y reparación.
- Entretenimiento (libros, tarjetas, ordenadores portátiles, etc.).

- Cargadores. Un pequeño extintor.
- Un rompe cristales.

No ponga sus objetos personales en el maletero. Manténgalos al alcance de la mano en caso de que tenga que salir del coche con urgencia.

Documentación importante

Reúna toda la documentación siguiente. Guarde los originales en una caja fuerte ignífuga (o en otro lugar seguro) y comunique a su familia su ubicación. Fotocopie todo y guarde las fotocopias en su BOB. Asegúrese de que todo se mantiene actualizado.

- Su testamento.
- Sus poderes notariales.
- Contactos de emergencia/importantes (números y direcciones).
- Su pasaporte (u otro documento de identidad si no lo tiene).
- Información sobre el seguro.
- Prueba de residencia (factura de servicios públicos).
- Acceso a las finanzas (no guarde una fotocopia de esto en su BOB).
- Hoja de información personal y registro.

Una hoja de información personal es una hoja única que ayudará a los rescatadores a encontrarle y/o identificarle.

Cada miembro de la familia debe escribir a mano su propia hoja de información y hacer una grabación de la información. Esto es para que los rescatistas tengan muestras de escritura y de voz.

- Cada hoja/grabación debe incluir lo siguiente
- Nombre.
- Apodos.
- Lugar de nacimiento.
- Fecha de nacimiento.
- Dirección.
- Número de teléfono.
- Descripción física (incluyendo identificadores específicos como tatuajes o marcas de nacimiento).
- Prescripciones (ojos, medicamentos).
- Instrucciones para las prescripciones.
- Vehículo (color, tipo, número de matrícula).
- Dirección de la escuela/trabajo y contactos.
- Datos de contacto de los amigos/familiares más cercanos.
- Aficiones.
- Educación.

Capítulos relacionados:

- Seguridad en los Bug Out Bags (BOBs)

ALIMENTOS

Cuando se va la luz y se apaga el frigorífico, tienes un tiempo limitado hasta que las cosas empiecen a estropearse.

Para conservar el ambiente frío, no abras el frigorífico o el congelador a menos que sea necesario, y come primero las cosas que se estropeen más rápido. Si te avisan con antelación, pon el frigorífico y el congelador en su posición más fría.

Dependiendo de la cantidad de alimentos que tengas, es posible que no tengas que abrir el congelador hasta pasadas 24 horas. Si lo mantienes lleno de botellas de hielo, se mantendrá lo suficientemente frío como para que los alimentos de su interior sean comestibles durante al menos 48 horas.

Almacenamiento

Si vas a hacer acopio de provisiones para un tiempo determinado, por ejemplo, tres semanas, tendrás que calcular la cantidad que necesitas almacenar.

· · ·

Puede que ya tengas una buena idea de cuánto consume tu familia, pero lo que almacenes será probablemente diferente, ya que no almacenarás productos perecederos. No olvides tenerlo en cuenta.

Los alimentos que almacene deben tener las siguientes características

- Fáciles de preparar (requieren una cocción mínima).
- Alto contenido en calorías y nutrientes.
- Larga vida útil.
- Alimentos que le gusten (o que al menos pueda tolerar).

Si piensas en almacenar un alimento que no sueles comer, pruébalo varias veces antes de comprarlo al por mayor.

Empieza con una base de alimentos básicos (trigo, arroz, alubias, grasas/aceites), y compleméntalos con alimentos enlatados/envasados. Las especias y condimentos básicos son una buena idea, al igual que los mutivitaminicos.

Las bolsas de Mylar son buenas para el almacenamiento a largo plazo de alimentos básicos (trigo, arroz, judías, harina, pasta, etc.).

• • •

Llena cada una de ellas con un solo tipo de alimento, introduce algunos absorbentes de oxígeno (no utilices desecantes con los alimentos), saca todo el aire que puedas y séllala. Guarda la bolsa de mylar con los alimentos dentro de un cubo sellado, y ya está. Dependiendo de lo que estés almacenando, esto mantendrá tus alimentos comestibles durante mucho tiempo. El arroz blanco, por ejemplo, puede conservarse durante más de 10 años.

Guarda tus cubos en un lugar fresco y seco y echa algunas bolas de naftalina por la zona de almacenamiento.

Autosostenibilidad

Producir y conservar tus propios alimentos es la mejor manera de asegurar un suministro constante de alimentos perecederos. Empieza a hacerlo/aprenderlo ahora, para que cuando llegue el momento, ya tengas un buen sistema en marcha. Además, es más sano y barato que los alimentos comprados en la tienda.

Algunas opciones a tener en cuenta son:

- Cultivar un huerto.
- Criar pollos (para huevos y/o carne).
- Buscar comida.
- Cazar.

Cuando produzcas más de lo que necesitas, querrás conservarlo. Considera:

- Secar al aire.
- Conservar.
- Deshidratar.
- Fermentar.
- Liofilización.
- Encurtido.
- Conservación de alimentos en bodega.
- Salar.
- Ahumar.
- Utilizar una nevera con energía solar.

Cocinar

Si actualmente cocinas con electricidad, te quedarás bloqueado en cuanto se vaya la luz (a menos que tengas una fuente de alimentación de reserva).

Si utiliza gas, puede durar un poco más, pero al final se acabará.

Un hornillo de propano para acampar funciona bien para situaciones a corto plazo. Puedes acumular los bidones de combustible, y la mecánica sencilla de los hornillos hace que sean fáciles de arreglar.

A largo plazo, la combinación de cocina solar (los hornos solares son fáciles de hacer) y un horno de barro o una estufa cohete es un buen sistema. Utiliza la energía solar cuando puedas, y tu estufa como respaldo.

Una cocina térmica (también fácil de construir) es una buena manera de conservar el combustible. Calienta la comida de la forma que prefieras y luego déjala cocer lentamente en la cocina térmica.

Hay otra técnica que no es realmente cocinar, pero que puedes utilizar para aumentar el valor nutricional de los granos y las judías: germinarlos. Para ello:

- Remójalos en agua limpia durante 24 horas.
- Escúrrelos y colócalos en un frasco.
- En unos días, brotarán.

AGUA

. . .

Una persona media necesita unos cuatro litros (un galón) de agua al día para cubrir sus necesidades de bebida, cocina y saneamiento.

Almacenamiento

Un buen comienzo es tener en el congelador botellas de agua transparentes de dos litros. Se trata de una fuente de agua potable limpia, ayudará a mantener el congelador frío durante más tiempo, y puedes reutilizar las botellas para la purificación SODIS.

Las botellas de refresco PET de dos litros son las que debes utilizar. Límpialas bien antes de rellenarlas con agua potable. Otros tipos (como las botellas de leche o zumo) pueden ser menos duraderas y/o provocar la proliferación de bacterias, mientras que, si utilizas cualquier cosa de más de dos litros, es posible que SODIS no funcione correctamente.

Cualquier cosa está bien.

Los contenedores más grandes, como los bricks de agua, son buenos para el almacenamiento a gran escala, especialmente si puedes apilarlos.

. . .

Cuando se prevea la catástrofe, llena de agua tus bañeras y otros recipientes. Las bañeras tendrán fugas con el tiempo. Prevenga esto con una vejiga de agua para bañeras grandes (un WaterBOB). El WaterBOB también mantendrá el agua más limpia que tu bañera, ya que está sellado.

Búsqueda de

Antes de echar mano de tus almacenes, toma el agua que puedas de los alrededores de tu casa. Hacerlo con antelación evitará que el agua se contamine demasiado o se evapore.

Aquí tienes algunas ideas para las fuentes de agua:

- Tuberías de agua. Abre la llave de paso en el punto más alto de tu casa, y drena el agua de la llave más baja.
- Depósito de agua caliente. Apague el gas o la electricidad, drene el tanque y filtre los sedimentos.
- Depósito del inodoro (no la taza). Utilícelo sólo si no ha añadido ningún limpiador químico al depósito.
- Fuentes recreativas (piscina, jacuzzi o estanque).
- Mangueras/tuberías de jardín.
- Cualquier otro lugar donde se acumule agua.

Todas estas fuentes de agua pueden utilizarse con fines

higiénicos. Si piensas beber el agua de alguna de ellas, asegúrate de purificarla primero.

Autosuficiencia

La forma más fácil para la mayoría de la gente de conseguir el auto sostenimiento de su suministro de agua es recoger el agua de lluvia. Varios contenedores IBC conectados entre sí pueden proporcionar suficiente espacio para almacenar todo lo que puedas durante un aguacero y que te dure hasta el siguiente. Si tienes el espacio y el dinero necesarios, existen tanques de almacenamiento de agua más grandes y construidos expresamente para ello.

Cavar un pozo es un poco más trabajoso, pero merece la pena el esfuerzo para tener una fuente de agua más estable.

También puedes recurrir a fuentes locales (ríos, lagos, estanques, etc.), pero en ese caso tendrás que ir a recoger el agua todos los días. A menos que la fuente esté justo al lado de tu casa, es una molestia. También puede ser peligroso en un escenario de colapso, cuando la contaminación (de animales muertos, por ejemplo) es un riesgo mayor.

Si vives en un clima adecuado, puedes considerar la posibilidad de recolectar agua de niebla.

· · ·

Una combinación de pozo y recogida de agua de lluvia es factible para la mayoría de la gente.

Juntas, estas fuentes deberían suministrar suficiente agua para que una familia pueda vivir sin demasiadas restricciones.

Purificar el agua

Purifica toda el agua antes de consumirla. Incluso el agua del grifo no es segura para beber después de un desastre.

Los filtros de gravedad o en línea son fiables, y puedes hacer acopio de ellos.

También puedes utilizar SODIS, que consiste en utilizar rayos UV para esterilizar el agua. Llena una botella de PET transparente de dos litros con agua y déjala al sol durante seis horas o más. En días nublados, déjala fuera durante 48 horas o más. En días lluviosos, esta técnica no es efectiva.

Otra opción es hervir el agua durante cinco minutos o más.

Por último, puedes utilizar productos químicos, como lejía, pastillas de purificación o yodo.

. . .

De todos estos métodos, éste es el menos preferido, ya que utiliza productos químicos, pero hará que el agua sea segura para beber y puedes purificar grandes cantidades de forma económica, dependiendo de lo que utilices.

La lejía es probablemente el método más barato. Guarde la lejía normal (sin aditivos ni aromas). Una solución de hipoclorito de calcio al 5,25% es buena. Utiliza dos gotas por cada litro de agua y agítala bien. Espera al menos 60 minutos antes de consumir el agua.

ENERGÍA

La energía desempeña un papel importante en nuestro estilo de vida moderno, y mucha gente no duraría mucho tiempo sin ella.

Este capítulo trata de las cosas que utilizamos y que dependen de la energía/electricidad para funcionar, como la iluminación, la calefacción, la refrigeración, la comunicación y el entretenimiento.

Baterías

· · ·

Los aparatos que funcionan con energía solar son buenos, pero no son 100% fiables (se necesita el sol), y los aparatos accionados a mano no merecen la pena. Las pilas son fiables y funcionan cuando las necesitas, siempre que no se hayan agotado.

Almacena suficientes pilas para hacer funcionar todas tus cosas importantes tres veces. Guárdalas en un lugar seco, fresco y a temperatura ambiente, lejos de la luz solar directa.

No las guardes en el equipo (excepto en casos obvios, como en la linterna de la habitación), ya que se irán agotando poco a poco y pueden provocar corrosión.

Estandarizar tu equipo para que todos lleven el mismo tipo de pilas facilita mucho las cosas, y significa que puedes mezclarlas y combinarlas en caso de emergencia. Elige un tipo de pila común, como las AA o las AAA.

Las pilas recargables son buenas, pero recuerda que necesitas electricidad para cargarlas. Un cargador solar es una buena forma de hacerlo cuando la red no funciona.

Generadores

. . .

Un generador de 4KW es suficiente para hacer funcionar la mayoría de los pequeños electrodomésticos directamente desde el generador. Se necesitan más de 10 KW para hacer funcionar un hogar de tamaño medio.

Los generadores tienen algunas desventajas. El ruido que hacen te convierte en objetivo de los ladrones. También necesitan combustible, aceite para el motor y mantenimiento para seguir funcionando.

Si decides tomar un generador para emergencias, ponlo en marcha al menos una vez al mes y mantenlo en un lugar bien ventilado.

Inversor de vehículo

Puedes utilizar tu vehículo como un generador improvisado para pequeños electrodomésticos, como una nevera portátil o un portátil.

Conecta un inversor de 800 vatios directamente a la batería de tu coche con cables de puente, y luego conecta tu aparato al inversor.

· · ·

Los inversores más pequeños también pueden alimentar pequeños aparatos en función de su consumo.

Ni siquiera necesitas el coche para hacer esto, sólo la batería de CC. Sin embargo, el funcionamiento del coche mantiene la batería cargada (pero consume combustible).

Combustible

Hay muchos tipos de combustible que puedes almacenar en función de tus necesidades. Almacena la mayor cantidad posible del tipo que necesites dentro de los límites de seguridad y legales.

Utilice estabilizadores de combustible cuando corresponda, y adopte un sistema de datación y rotación de los mismos.

Algunos combustibles a tener en cuenta son

- Gasolina.
- Gasóleo.
- Propano.
- Biocombustibles.
- Carbón vegetal.
- Combustible de gel.
- Ladrillos de papel.

- Leña.

Iluminación

Guarda las siguientes cosas en un "kit de iluminación":

- Linternas (linternas magnéticas, faros) y pilas de repuesto.
- Velas (velas de "supervivencia" de combustión lenta)
- Encendedores/cerillos.

Las luces solares para el patio se cargan durante el día, así que puedes llevarlas por la noche.

En caso de apagones inesperados, las luces nocturnas conectadas a los enchufes se encenderán cuando falle la electricidad. Esto te permitirá ver bien para coger tu equipo de iluminación.

Puedes improvisar lámparas de aceite utilizando cualquier cosa que sea ignífuga y tenga una pequeña depresión, como un platillo de cerámica. No uses metal, ya que te quemará. Vierte un poco de aceite (o cualquier cosa de combustión lenta) y añade una mecha de cuerda.

. . .

Si estás en el exterior, envuelve un palo largo con una tela y empápalo de líquido inflamable para hacer una antorcha improvisada.

Calefacción

La mejor manera de calentar una casa sin consumir demasiada energía es empezar con un buen aislamiento, especialmente en el suelo. Instala burletes y cortinas térmicas (las mantas gruesas también sirven).

En una casa bien aislada, si cocinas dentro, el calor generado puede ser suficiente para mantener la casa caliente durante toda la noche, dependiendo de tu clima.

Unos paneles solares térmicos funcionan bien si se toma suficiente luz solar.

Si no es suficiente, calienta a la persona utilizando capas de ropa y mantas, en lugar de intentar calentar toda la casa.

Si vas a utilizar algún tipo de calefactor, elige una habitación para calentar y haz que todos se reúnan en ella. Asegúrese de que esté ventilada.

. . .

Algunas opciones de calefacción son:

- Chimeneas.
- Una estufa de leña.
- Calentadores a pilas.
- Una estufa de cohetes.
- Combustible de gel.

Refrigeración

La base de una refrigeración eficaz es similar a la de la calefacción. Utilice cortinas de refrigeración (mantas de supervivencia con el lado brillante hacia fuera, por ejemplo) y ventilación.

Cocinar al aire libre.

Enfriar a la persona utilizando ventiladores manuales, solares o a pilas y agua.

Comunicación

Mantenerse en contacto entre sí y con el mundo exterior es importante para la supervivencia a largo plazo.

Las pequeñas radios de onda corta a pilas que pueden recibir AM/FM son baratas y consumen muy poca energía.

Sintoniza las emisoras de radio locales y nacionales cada dos días para escuchar cualquier información útil.

Las alertas de emergencia por teléfono móvil están disponibles en la mayoría de los países y te avisarán de cualquier desastre natural.

Cuando tú y los miembros de tu familia os pongáis en contacto en momentos de catástrofe, es más probable que los mensajes de texto lleguen.

Una vez que la red eléctrica se haya caído, puedes utilizar walkie-talkies sintonizados en emisoras de radio personales. No son seguros y su alcance es corto, pero son fáciles de usar. Puedes cambiar de canal regularmente si te preocupa la seguridad. Informa a todos de antemano de la frecuencia y los canales a los que hay que cambiar.

Otros servicios de radio (como GMRS, MURS o HAM) requieren que tengas una licencia y/o formación.

· · ·

Para acceder a Internet en escenarios fuera de la red, necesitas depender de la señal del teléfono celular, de Internet por satélite o de un proveedor de servicios de Internet inalámbrico (WISP). En un escenario de colapso, es poco probable que estas cosas funcionen tampoco.

Mientras tengas señal de teléfono y un plan de datos, puedes convertir tu teléfono en un hotspot, comprar un hotspot dedicado o utilizar Internet directamente desde tu teléfono.

Si vives en una zona donde la señal de telefonía móvil es pobre, puedes utilizar un amplificador de señal (repetidor de telefonía móvil). Para que funcione, necesitas al menos un poco de recepción y electricidad.

Internet por satélite o WISP son tus últimas opciones. Ambas son caras para lo que toman, pero pueden ser las únicas disponibles.

Entretenimiento

En un escenario de desconexión, habrá suficiente trabajo para mantenerte ocupado durante el día. Para el ocio tendrás que recurrir a la vieja escuela. Piensa en cartas, juegos de mesa, libros, deportes, etc.

. . .

Autosuficiencia

Es posible estar 100% fuera de la red, pero requiere algo de trabajo y/o dinero.

Desconectarse parcialmente de la red es bastante fácil.

Puedes comprar aparatos que funcionan con energía solar, como luces, paneles de calefacción y ventiladores.

Para una instalación energética completa, hay que buscar sistemas solares fotovoltaicos, turbinas eólicas, hidroelectricidad o sistemas geotérmicos.

La energía solar es la opción más accesible para la mayoría de la gente, pero su instalación no es barata.

Si tienes agua corriente en tu propiedad, un sistema hidroeléctrico es una opción relativamente barata y fiable.

Las turbinas eólicas pueden funcionar si vives en una zona ventosa.

. . .

La energía geotérmica puede funcionar en casi cualquier lugar, pero es muy costosa de instalar.

La mayoría de la gente puede crear un suministro de energía autosuficiente combinando dos o más de estos métodos.

Capítulos relacionados:

- Seguridad

SALUD E HIGIENE

Una salud e higiene deficientes pueden conducir rápidamente a la enfermedad, y en una situación de austeridad, incluso un resfriado común puede llevar a la muerte.

Almacenamiento

Como mínimo, haga acopio de lo siguiente

- Cloro.
- Jabón antibacteriano.

- Cepillos de dientes, pasta de dientes e hilo dental.
- Preservativos.
- Papel higiénico.
- Productos sanitarios.
- Material de primeros auxilios.
- Ayudas personales y medicamentos (gafas, medicación para la diabetes, etc.)
- Antibióticos (considere los medicamentos veterinarios como sustituto).
- Bolsas de basura resistentes.
- Multivitaminas.

Inodoros

Cuando las tuberías de agua dejen de fluir, lo notará primero en el inodoro familiar. Puedes tirar de la cadena manualmente vertiendo un cubo de agua directamente en la taza. Cuando el agua escasee, querrás cambiar al método de tirar de la bolsa:

- Vacía toda el agua que puedas de la taza.
- Forra el cuenco con dos bolsas de basura.
- Pon un poco de arena y lejía sobre los residuos.
- Deséchalo después de varios usos.

Puedes utilizar este mismo método con un cubo. Esto es

bueno para la portabilidad, en caso de que tengas que trasladar el inodoro familiar al exterior.

Crea una estación de lavado de manos y asegúrate de que todo el mundo mantiene una higiene impecable, especialmente después de usar el baño y antes de manipular alimentos.

Aseo de trinchera

Para cualquier cosa que dure más de unos pocos días, cava un retrete de trinchera en el exterior. Elige un lugar adecuado:

- No muy lejos de la casa.
- Cuesta abajo y lejos de la comida y el agua (al menos 60 m/200 pies).
- No cerca de la escorrentía del agua de lluvia (ponlo en un terreno elevado).

Cava una zanja de 1,5 m de profundidad y 0,5 m de ancho. Una zanja de 1 m de largo es una buena longitud para una familia pequeña.

Crea una barrera de privacidad a su alrededor.

Tendrás que ponerte en cuclillas para usar el retrete, o construirlo si quieres sentarte. Mantén un cubo de tierra y una pequeña pala al lado, y echa un poco después de cada uso. Cúbrelo con una tapa improvisada, como un trozo de madera contrachapada, cuando no esté en uso.

Inodoros autosuficientes

Un retrete de trinchera es suficiente para la mayoría de la gente. Si quieres un poco más de normalidad, puedes construir un retrete de compostaje o instalar una fosa séptica.

Ambos son proyectos más grandes, y será mucho más fácil instalarlos antes de que ocurra un escenario de colapso.

Duchas

Lavarse regularmente es importante. Si el agua es escasa, tome un baño para pájaros una vez al día y restrinja el lavado completo a una vez a la semana. Para un baño de pájaros, sólo necesitas un paño con un poco de agua jabonosa. Utilízalo para limpiarte la cara, las axilas y la entrepierna, en ese orden.

Cuando el agua sea realmente escasa, puedes pasar a un baño de aire. Exponga la piel desnuda al sol y al aire durante al menos una hora. Ten cuidado de no tomar el sol.

. . .

Esto también es bueno para la ropa. Sacúdela bien primero y luego cuélgala del revés al sol.

Agua caliente

El agua caliente para lavar es un lujo, pero puede ser increíble para la moral.

La forma más sencilla de hacerlo es hervir un poco de agua y mezclarla con agua a temperatura ambiente hasta tomar la temperatura deseada.

Los calentadores de agua solares funcionan bien siempre que haya sol. Puedes comprar unos portátiles para acampar o hacer los tuyos propios del tubo de polietileno negro. El agua puede tomar demasiado calor, así que mézclala con agua a temperatura ambiente si es necesario.

Una versión mejorada de una ducha solar es un calentador por lotes, que puedes construir a partir de un viejo tanque de calentador de agua.

. . .

Esto mantendrá una mayor cantidad de agua caliente, y puedes conectarlo directamente a tus tuberías.

Jabón

Aprender a hacer jabón desde cero es una habilidad valiosa. El proceso no es muy difícil una vez que aprendes a hacerlo, pero puede ser peligroso trabajar con lejía.

En pocas palabras, lejía (ceniza de madera dura y agua) + grasa (aceite animal o vegetal) = jabón. Por supuesto, hay más cosas, así que, si piensas hacerlo, sigue unas instrucciones detalladas.

Puedes replicar este proceso para hacer un jabón improvisado para lavar la vajilla cuando cocines con fuego de leña o en el horno. Mezcla la ceniza de madera con la grasa de la cocción y un poco de agua caliente. No te lo pongas en el cuerpo.

Cultivar plantas de jabón es otra buena opción.

Residuos en general

· · ·

Reutiliza todo lo que puedas. Por ejemplo, asegúrate de lavar las latas.

Utiliza el método de "machacar, quemar y enterrar" para lo que acabes tirando. Cava un pozo lejos de la comida, el agua, etc. y a favor del viento de tu casa. Compacta la basura todo lo que puedas y tírala en el pozo. Quémala y luego cúbrela.

Medicina

En una situación de colapso, no podrás contar con hospitales, ambulancias, farmacias o cualquier otro servicio médico.

Aprende habilidades médicas básicas ahora, mientras puedas.

Un curso de primeros auxilios en zonas silvestres (WFA) te equipará con los conocimientos necesarios para manejar la mayoría de las emergencias médicas. Profundizar más allá de un WFA es estupendo, pero como mínimo, debes conocer los primeros auxilios básicos.

Conocer algunos remedios caseros de eficacia probada también será de gran valor.

. . .

Es importante solucionar cualquier lesión lo antes posible, por pequeña que sea.

En situaciones de austeridad, las cosas pequeñas pueden convertirse rápidamente en grandes problemas.

Prevención

Además de practicar una buena higiene, la mejor manera de prevenir lesiones y enfermedades es estar sano.

Construya un cuerpo y un sistema inmunológico fuertes ahora, mientras los tiempos son buenos, porque puede convertirse en la supervivencia del más fuerte cuando la red se caiga.

El camino hacia la buena salud no es un secreto, pero aquí hay algunos puntos clave de todos modos:

- Tener una rutina de ejercicio diario.
- Lleve una dieta equilibrada que incluya menos azúcar refinado y más verduras.
- Evitar las drogas, el alcohol y el tabaco.
- Esto incluye los productos farmacéuticos, excepto los que, como la insulina, pueda necesitar para vivir.

- Tome un examen médico completo (incluido el dental) al menos una vez al año.
- Arregla los problemas de salud de forma permanente, si es posible. La cirugía Lasik eliminará la necesidad de gafas, por ejemplo.
- Mantén tus vacunas al día.

Capítulos relacionados:

- Alimentación
- Agua

SEGURIDAD

Cuando la sociedad se desmorona, la gente empieza a hacer cosas que normalmente no haría para sobrevivir.

Manténgase a salvo aumentando la seguridad pasiva de su hogar, así como estando preparado para defender activamente a su familia y sus pertenencias.

No sea un objetivo

Mantén tus acciones de preparación en secreto para cualquier persona ajena a tu hogar, e incluso para ellos si no son lo suficientemente responsables como para guardar el secreto (niños pequeños, por ejemplo).

Cuando las cosas empiecen a ir mal, haz que tu casa no sea atractiva para los posibles carroñeros y ladrones. Reduzca al mínimo las señales de comida, agua y energía. Si tu casa es la única con luces y/o olor a cocina, tomarás visitas.

Si la situación lo requiere, considere la posibilidad de crear señales de enfermedad y/o muerte, como señales de cuarentena.

Seguridad física

Disponer de una seguridad decente ahora te facilitará reforzarla en tiempos difíciles. También te hará menos blanco de los delincuentes cotidianos. Aquí tienes algunas cosas que debes tener en cuenta:

- Puertas sólidas.
- Cerraduras de seguridad.
- Iluminación con sensor de movimiento.
- Despejar los puntos ciegos de su patio delantero y trasero.
- Ventanas y puertas correderas reforzadas.
- Una rutina de seguridad nocturna (comprobación de cerraduras, etc.).

- Un perro guardián.
- Un sistema de alarma.
- Una vigilancia vecinal.
- Escondites para los objetos de valor, en las paredes o en otros lugares difíciles de encontrar.
- Una habitación segura.

Cuando llegue el momento, aumente su seguridad física mediante:

- Manteniendo un turno de guardia en todo momento.
- Fortificando los puntos de entrada y salida con sacos de arena.
- Creando posiciones de fuego.
- Cubriendo las ventanas con madera contrachapada.
- Construyendo obstáculos, como enredos de alambre, para canalizar a los intrusos hacia su línea de fuego.
- Colocar trampas y sistemas de alerta temprana.

Independientemente de los cambios que realice en la seguridad de su hogar, asegúrese de que podrá escapar en caso de incendio u otra emergencia interna.

Armas de fuego

. . .

Disponer de un arma de fuego aumentará notablemente su capacidad para defender su propiedad. Sin embargo, será inútil y peligroso sin la formación adecuada.

Tome clases profesionales sobre seguridad de armas, cómo disparar y cómo mantener su arma. No olvides hacer acopio de munición.

Una escopeta de bombeo del calibre 12 es una gran opción para la seguridad del hogar, y también puedes utilizarla para cazar. Elige una Remington 870 o una Mossberg 500 con munición de perdigones. Ambos tipos son fiables y relativamente baratos.

Algunos accesorios a tener en cuenta son:

- Linterna montada.
- Empuñadura de pistola.
- Montura lateral (para acceder rápidamente a la munición).
- Eslinga (sobre todo si se patrulla).

También puedes considerar las pistolas (que son fáciles de llevar y ocultar) y los rifles (que son mejores para la caza).

Elijas lo que elijas, quédate con fabricantes conocidos.

El chaleco antibalas es otra cosa a tener en cuenta.

Estas son algunas pautas básicas de seguridad con las armas:

- Asume siempre que un arma está cargada.
- Nunca apuntes a algo que no quieras matar o herir.
- Mantenga el dedo fuera del gatillo hasta que quiera disparar.
- Sepa a qué se va a disparar (confirme su objetivo y tenga en cuenta lo que hay detrás).

La seguridad en números

Es más fácil luchar contra los ataques si se unen fuerzas con los vecinos. Incluso pueblos enteros pueden unirse para mantener alejados a los vagabundos no deseados.

Trabajar juntos también facilitará la autosuficiencia. Utiliza los puntos fuertes de los demás en beneficio de todos, por ejemplo, para crear huertos comunitarios, garantizar la asistencia médica o construir proyectos de energía alternativa.

Las personas que no tienen conocimientos específicos pueden ayudar en tareas importantes como la vigilancia, el trabajo general o la recogida de agua.

Aunque trabajen juntos, esto no significa que tengan que compartir sus tiendas familiares. Sin embargo, es una buena idea ayudar en lo que puedas, para que los demás no se vuelvan contra ti.

Trueque

Cuando necesites o quieras cosas que no tienes, y el dinero ya no valga nada, tendrás que hacer un trueque.

Esto puede ser un esfuerzo peligroso, especialmente si se corre la voz de que tienes abundancia de algo que la gente necesita, como combustible, comida, agua o medicinas.

Para combatir esto, haz el trueque de forma anónima a través de un tercero de confianza o un miembro respetado de la comunidad, como un sacerdote o un médico.

Capítulos relacionados:

- Alimentos

Conclusión

Lo que has aprendido sobre preparación en este libro es sólo la punta del iceberg.

Proporciona una buena visión general, pero es posible profundizar en cada habilidad/tema. Dependiendo de cuánto quieras aprender, podrías pasar de leer libros especializados a tomar cursos en línea o estudiar para obtener títulos.

Para la mayoría de la gente, ser un experto en todos los oficios es la mejor manera de hacerlo. Es útil aprender los fundamentos de:

- Habilidades de supervivencia.
- Construcción.
- Fontanería.
- Seguridad.

- Mecánica.
- Producción y conservación de alimentos.
- Electrónica.
- Energías renovables.
- Recolección de agua.
- Medicina (científica y alternativa).
- Cualquier otra cosa que se te ocurra que pueda ser útil.

Haz una prueba fuera de la red

La mejor manera de averiguar qué habilidades debes aprender es hacer una prueba de vivir sin conexión a la red.

Enciérrate en tu propiedad durante al menos cuatro días.

Desconecta el gas, la electricidad, el agua y todos los demás servicios de los que dependes, y vive como si fueras el único que queda en la tierra.

Esto también pondrá de manifiesto cualquier deficiencia que tengas en tus tiendas o planes de sostenibilidad.

www.ingramcontent.com/pod-product-compliance
Lightning Source LLC
Chambersburg PA
CBHW061515050726
47593CB00002B/578